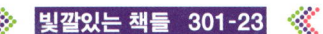

오대산

글/박용수 ● 사진/손재식

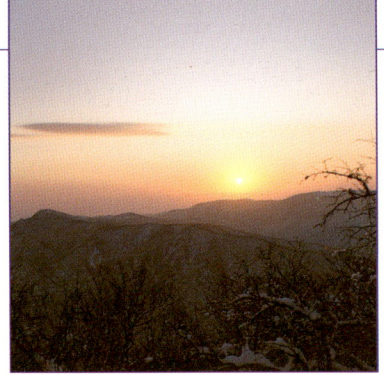

대원사

박용수

단국대학교 대학원에서 국어국문학을 전공하였다. 1987년과 1989년에 KBS방송문학상과 『문학정신』 문학상을 수상하면서 소설가로 등단하였다. 1991년에 단국문학상을 받았으며 작품집으로 『유언의 땅』(문학과지성사) 등이 있다. 현재는 창작활동을 하면서 우리 국토와 문화에 관한 연구를 하는 백두문화연구소를 운영하고 있다. 지리 관련서로는 『백두대간』과 『산경표』해설서를 출간하였으며 한국문화역사지리학회, 한국산서회 회원이다.

손재식

신구전문대학교 사진학과를 졸업했다. 대림산업과 대원사 사진부 등에서 근무하였고 「빛깔있는 책들」 가운데 전통 문화 및 자연 시리즈 10여 권의 사진을 찍었다.

오대산

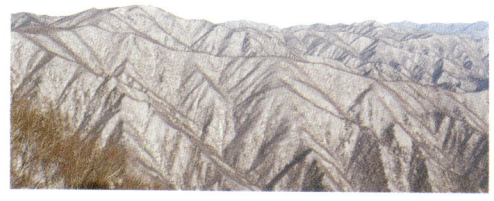

오대산

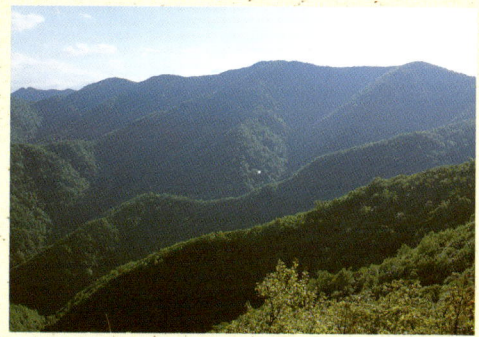

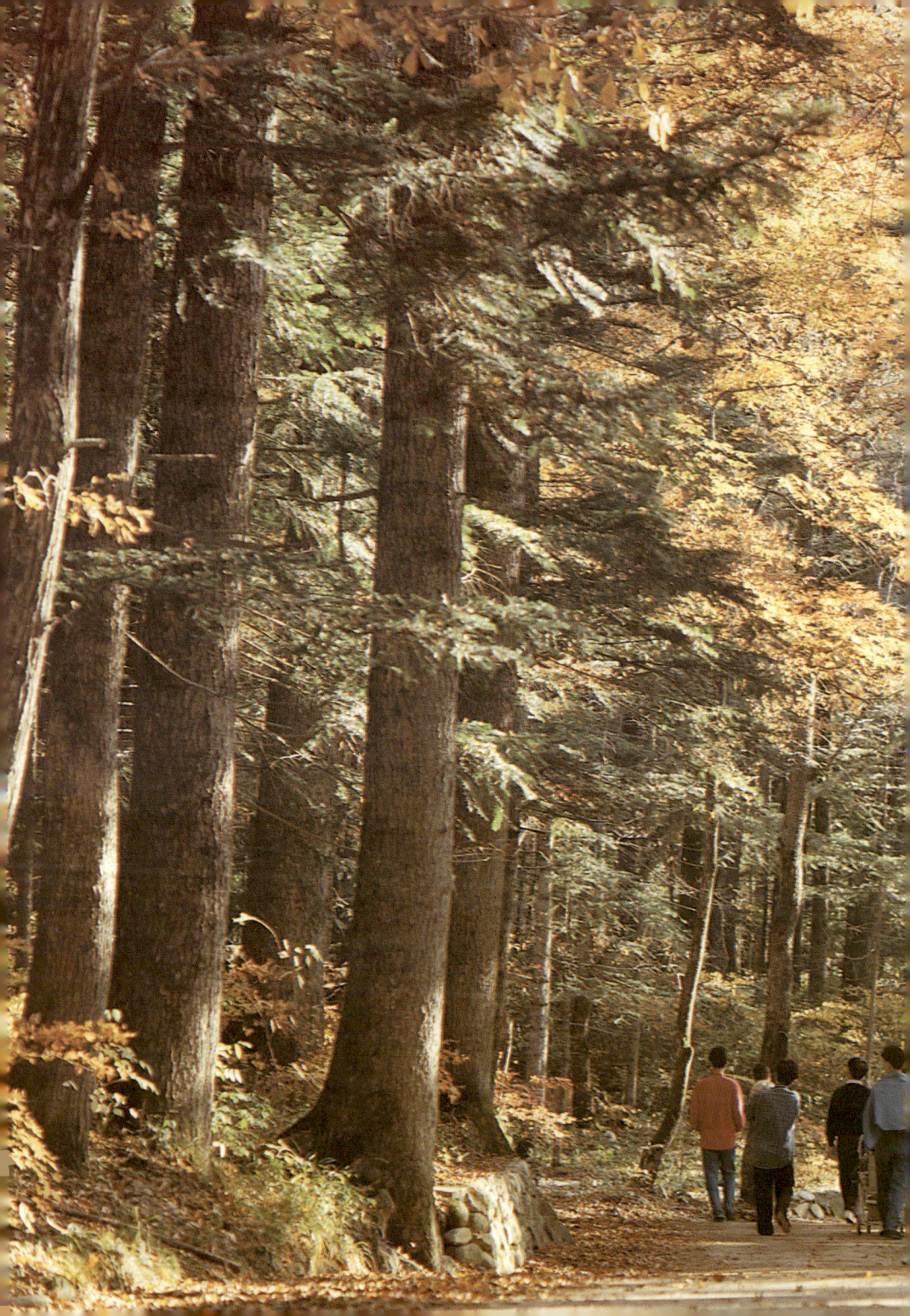

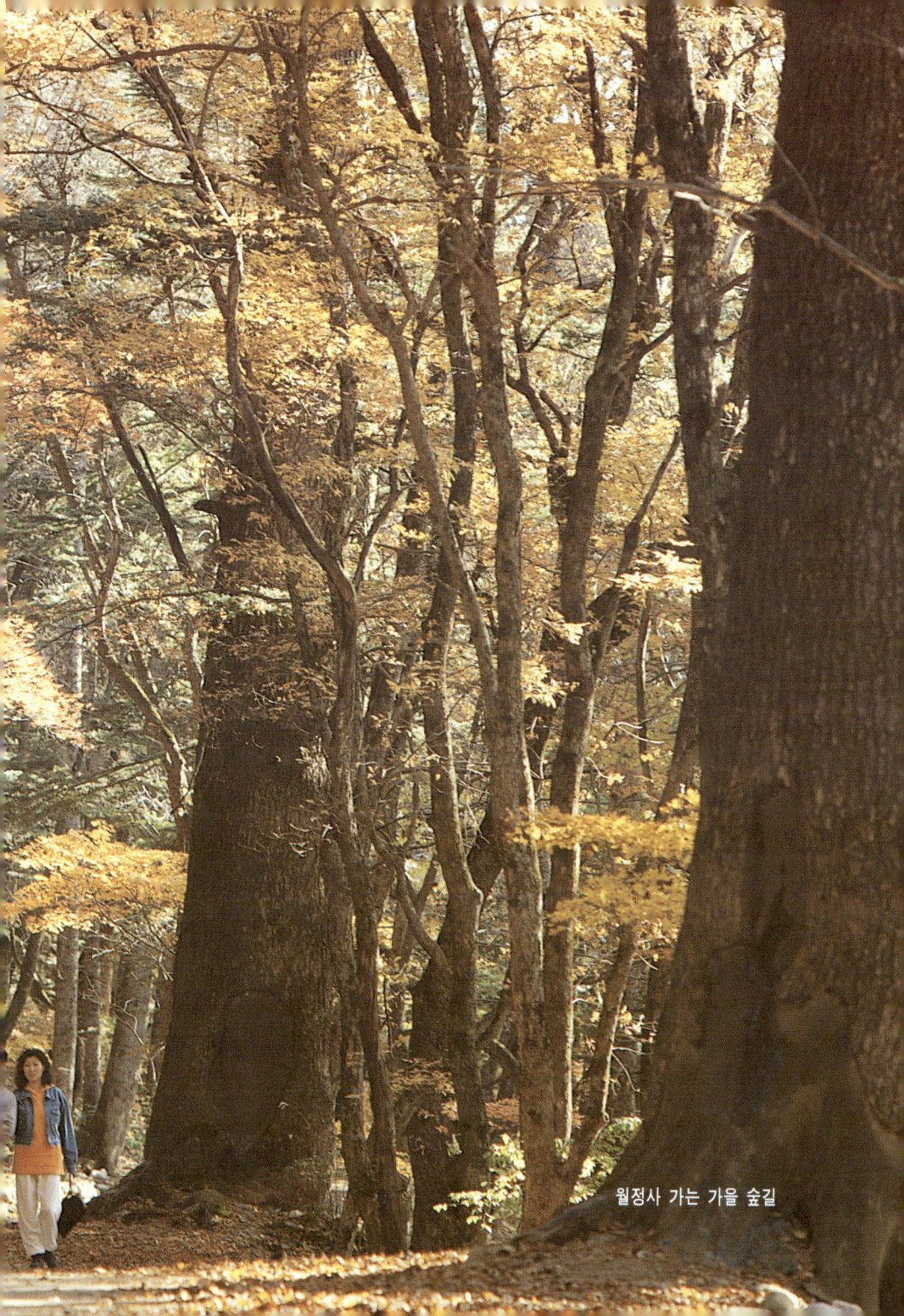

월정사 가는 가을 숲길

책 머리에

　어느 산이나 그 물리적 특색에 의해 나름대로의 고유한 성격을 지니고 있기 마련이다. 그리고 인간과 관계를 맺으면서 인간들이 규정한 특정한 의미를 부여받게 되기도 한다.

　오대산(五臺山).

　백두대간(白頭大幹)의 중심부에 위치하고 있는 이 산은 우리 역사 속에서 어떻게 인식되었으며 또 어떻게 자리잡아 왔을까.

　일찍이 오대산은 신라의 자장 율사(慈藏律師, ?~658)에 의해 지혜의 상징인 문수보살이 상주하는 산으로서 개산(開山)되었다. 그 뒤 오대산 신앙은 보천(寶川, 생몰년 미상)에 의해 오류성중(五類聖衆)이 머물고 있는 산으로 심화·확대되었고 부처의 정골 사리를 모신 적멸보궁 또한 이곳에 자리잡았다. 그리고 고려 때의 일연은 지관의 말을 빌려 '나라 안의 명산 가운데서도 가장 좋은 곳으로 불법이 길이 번창할 곳'이라는 기록을 남겼다.

　조선시대에 이르러 오대산과 그 불교 문화는 왕실과 깊은 관련을 맺으면서 새로운 부흥기를 맞게 된다. 태종과 세조는 이곳 상원사를 원찰(願刹)로 삼았는데 특히 세조는 문수동자를 친견하였다고 한다. 한편 그와는 다른 입장에 있던 김시습(金時習, 1435~1493) 역시 이 산을 찾아 시를 남겼다. 김시습을 비롯해 한무외(韓無畏, 1517~1610), 허목(許穆, 1595~1682)과 같은 도가(道家)나 도가적 취향을 가진 사람들도 이곳을 다녀갔는데 이는 불교의 성지인 오대산이 도가들에게도 수단 복지(修丹福地)로서 중요하게 인식되었음을 뜻한다.

조선조 후기에는 율곡(栗谷) 이이(李珥, 1536~1584)가 청학동 기행문과 함께 시를 남겼으며 이중환(李重煥, 1690~?)은 소백산, 가야산과 더불어 삼재(三災)가 들지 않는 곳'이라고 설명하면서 오대산을 우리나라 12대 명산의 하나로 손꼽았다. 그리고 『세종실록』「지리지」, 『신증동국여지승람』과 같은 주요 관찬(官撰) 지리지에서는 오대산의 우통수(于筒水)가 한강의 수원(水源)임을 밝히고 있다. 민족의 영산(靈山)이라는 영광도, 계절마다 다른 이름을 갖는 호사스러움도 누리지 못했지만 오대산은 그 모습 그 무게만큼 우리 역사 속에서 중요한 산으로 자리잡아 왔던 것이다.

하지만 금세기 들어 오대산은 온갖 수난을 겪게 된다. 이땅에 휘몰아친 이민족의 지배와 수탈 그리고 민족 분단이라는 역사의 소용돌이에 휘말리고 마는데, 그래서 지금도 오대산 산자락과 골짜기에는 치유되지 않은 그때의 상처들이 잔해로 남아 있다.

삼재가 들지 않는 곳이라는 이중환의 말처럼 수백 년 동안 온전히 보관되어 오던 오대산 사고(史庫)가 금세기에 들어 일제에 의해 수탈당했으며 백두산에서부터 이어지는 능선은 6·25 전쟁을 전후해 북한 인민군의 침투·퇴각로로 이용되기도 했다. 이때 천년 사찰 월정사를 비롯한 대부분의 사찰이 불길에 휩싸이는 비운을 맞았다.

더욱이 1960년대 말의 울진·삼척 무장 공비 침투 때에는 당시

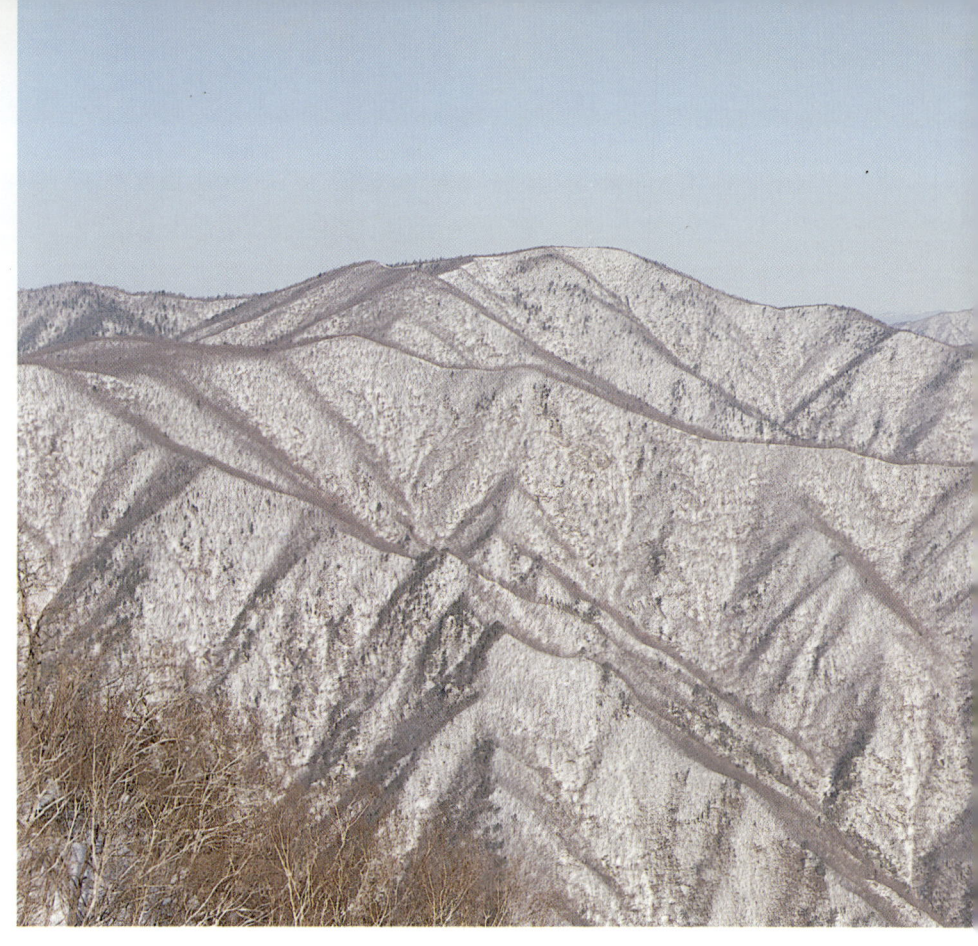

퇴각하던 그들에 의해 이승복 군 등 어린 생명 셋과 부녀자 둘이
살해당하는 참극마저 일어났다. 상원사에서 북대령을 지나 홍천군
으로 이어지는 446번 지방도로가 지금처럼 확장된 것은 그 같은 유
사시를 대비하기 위해서였다. 이 같은 고난에 찬 이땅의 역사를 가
슴에 묻고 있는 오대산은 지난 1975년에는 청학동 소금강과 함께
국립공원 11호로 지정되어 오늘에 이르고 있다.

　옛날 이 산에 모여드는 사람들은 도량을 찾는 승려나 산자락

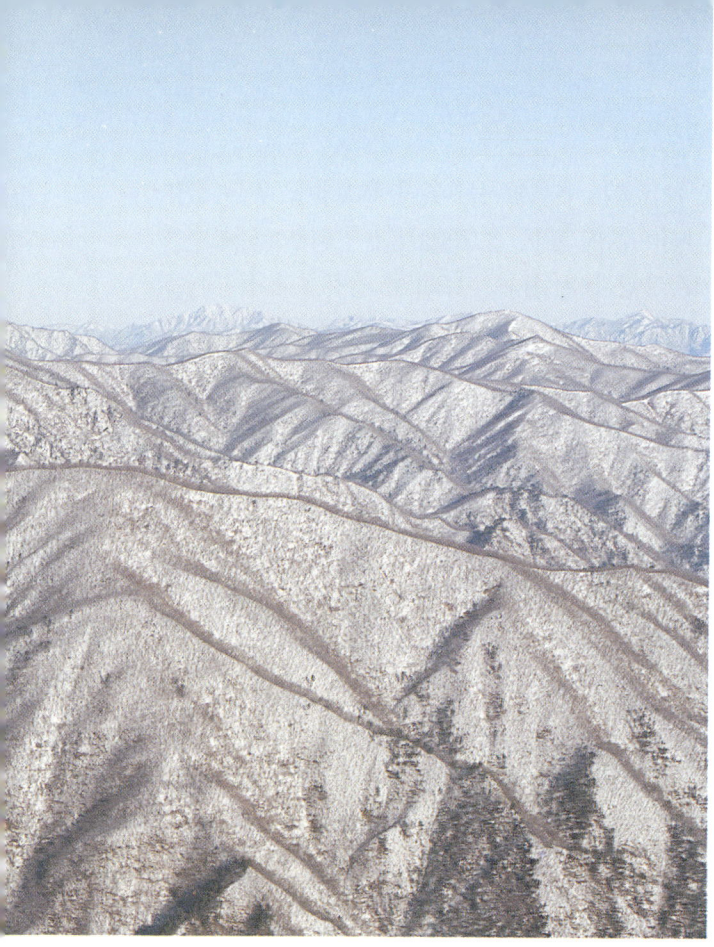

노인봉에서 바라본 겨울 두로봉
오대산은 주봉인 비로봉을 비롯하여 상왕봉·동대산 등 1,500미터 안팎의 봉우리들이 환상형을 이루고 있다. 해발 1,421.9미터에 달하는 두로봉도 그 중의 하나이다.

한 귀퉁이에 터를 잡은 주민들이 고작이었다. 그러나 국립공원으로 지정된 이후 차츰 사람들의 발길이 잦아지더니 요즘은 해마다 백만 명에 이르는 많은 사람들이 이곳을 찾고 있다. 각기 다른 이유와 목적으로 산을 찾은 그들은 그 숫자만큼이나 서로 다른 시선으로 오대산의 산빛을 대했을 것이며, 그리고 또 그만큼의 다른 느낌과 기억을 갖고 이 산을 떠났으리라.

　오대산의 본체는 과연 무엇일까. 각기 다른 느낌과 기억 속에서 비록 개인에 따라 그 질량과 무게는 다소 다르더라도 누구나 공유하게 되는, 공유할 수밖에 없는 오대산의 진정한 모습은 과연 어떤 것일까.

"내 느낌에 계룡산은 마구 끓어올라 덮치는 산인 데에 비해 지리산은 덮치지 않습니다. 그러나 며칠 묵으면서 보니까 '그렇게 감싸 주기만 하는 산은 아니구나' 하고 느껴집니다. 다른 산은 잘 모르겠어요. 설악산의 경우에는 산에 감정이 없더군요. 그에 비해서 오대산은 무척 후덕하구요."

"설악산, 오대산에 대해서는 나하고 보는 눈이 같군요."

적멸보궁의 겨울길 후덕해 보이는 산이기에 부처의 사리를 모신 적멸보궁이 위치한 불교의 성지가 되었을 것이다. 세상살이를 어느 정도 겪은 사람만이 오대산의 참모습을 보고 그 의미를 알 수 있다고 한다.

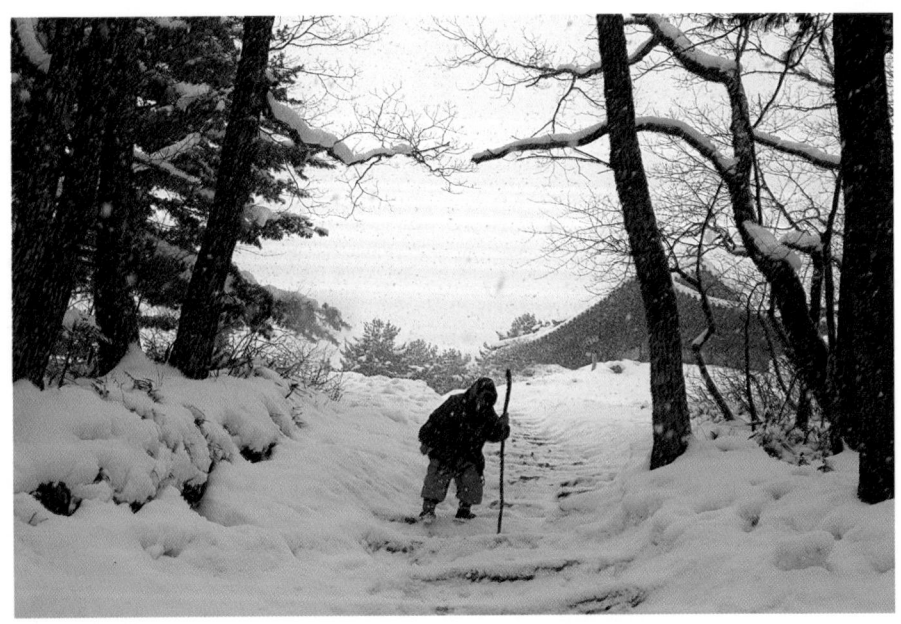

1980년대 중반, 시인 김지하와 지리학자 최창조가 만나 나눈 대화의 일부이다. 소설가 이문구가 쓴 글인데 오대산에 대한 두 사람의 느낌이 일치하고 있다. 하지만 오대산이 지닌 이 후덕함을 직관력이 뛰어난 시인이나 지리학자만이 느낄 수 있는 것은 아니다. 월정사 주지 현해(玄海) 역시 '순하고 부드러운 산'으로 표현하고 있으며, 이 같은 느낌은 이미 산악인이나 산악 사진가들 사이에선 하나의 밀어(密語)와 같은 것이었다. 이 때문에 오대산이라는 이름 앞에는 언제나 '여성적인', '푸근한', '넉넉한', '듬직한', '덕스러운', '그윽한' 등의 수식어가 붙곤 했다.

  어쩌면 이 후덕함과 온유(溫柔)함이야말로 오대산의 가장 본질적인 모습일지 모른다. 바로 이 때문에 일찍부터 적멸보궁이 위치한 불교의 성지로 자리잡았으며 '명산 중의 명산'으로 인식되어 왔을 것이다. 그리고 이러한 오대산의 모습은 시대의 변화와 필요에 따라 인간들에 의해 첨삭된 어떤 의미보다 우선하는 것이며, 그 모든 것을 가능하게 한 본체이기도 할 것이다.

  지혜의 완성을 상징하는 문수보살이 상주하고 있는 오대산. 너와 나를 가르고 결국은 상대방의 가슴에 칼을 들이대는 설익은 지혜가 아니라 서로를 감싸 주고 아우르는, 진정한 의미의 지혜의 산이 바로 오대산이다. 세파에 시달린 사람들이 지친 심신을 이끌고 이곳을 찾는 경우가 많은 것도 이 때문이다.

  왕위를 차지하기 위해 가까운 이들의 목숨을 빼앗은 태종과 세조가 머리 숙여 정신적 안식을 구하였고 그런 이들을 받아들인 산, 어머니의 젖가슴처럼 포근하고 누나의 등처럼 향기로운 산, 세상살이를 어느 정도 겪은 뒤에야 그 가슴의 넓이와 깊이를 느끼게 되며 나이가 지긋해져야 비로소 그 진면목을 알아보고는 뒤늦은 깨달음(晩覺)에 탄식하게 되는 산, 이런 산이 바로 오대산이다.

개관

위치와 산세, 기후

오대산 국립공원은 한반도의 중동부(中東部), 태백산맥과 차령
산맥이 교차하는 지점에 위치하고 있다. 우리 고유의 지리 인식에
서 비롯된 산줄기 개념으로 볼 때는 백두대간(白頭大幹, 백두산에
서부터 지리산까지 뻗은 산줄기)의 중간에 위치하고 있으며 또한
휴전선 남쪽의 강원도를 흐르는 백두대간의 중간 지점인 설악산
과 태백산 사이에 자리잡고 있다.

위도와 경도상으로는 동경 128도 30분에서 128도 46분, 북위 37
도 41분에서 37도 51분 사이에 위치하고 있다. 지형과 지세는 태
백산맥의 서쪽 지맥인 설악산맥에서 파생된 만장년기(晚狀年期)
지괴산지(地塊山地)를 형성하고 있다.

행정 구역상 강원도 평창군 진부면, 도암면, 용평면과 명주군
연곡면, 홍천군 내면 일대에 걸쳐 있으며 총 면적은 3개 군 5개
면에 걸친 298.5평방킬로미터이다. 이 가운데 평창군이 140.4평방
킬로미터(47퍼센트), 명주군이 113.7평방킬로미터(38.1퍼센트), 홍

천군이 44.4평방킬로미터(14.9퍼센트)를 각각 차지하고 있다.

1975년 2월 1일 국립공원 11호로 지정된 오대산 국립공원은 평창군 도암면 병내리 지구를 포함해 7개 지구로 구분된다. 일반적으로 6번 국도를 경계로 해서 월정사 지역과 소금강 지역으로 크게 나누기도 하는데, 이 가운데 소금강 지역이 전체 면적의 약 25퍼센트를 차지한다. 대체로 월정사 지역은 평창군과 홍천군에, 소금강 지역은 명주군에 속해 있으며 두 지역은 산세와 기상, 지질 등에서 차이를 보인다.

주요 산봉우리로는 6번 국도를 경계로 서쪽 월정사 지역에는 오대산의 주봉인 비로봉(毘盧峰, 1,563.4미터)이 있다.

구룡령에서 바라본 오대산 정상 왼쪽 높은 곳이 오대산의 주봉 비로봉이다. 이 비로봉 외에 호령봉, 상왕봉, 두로봉, 동대산 등 다섯 봉우리가 편평한 누대를 이루고 있어 오대산이라 부른다.

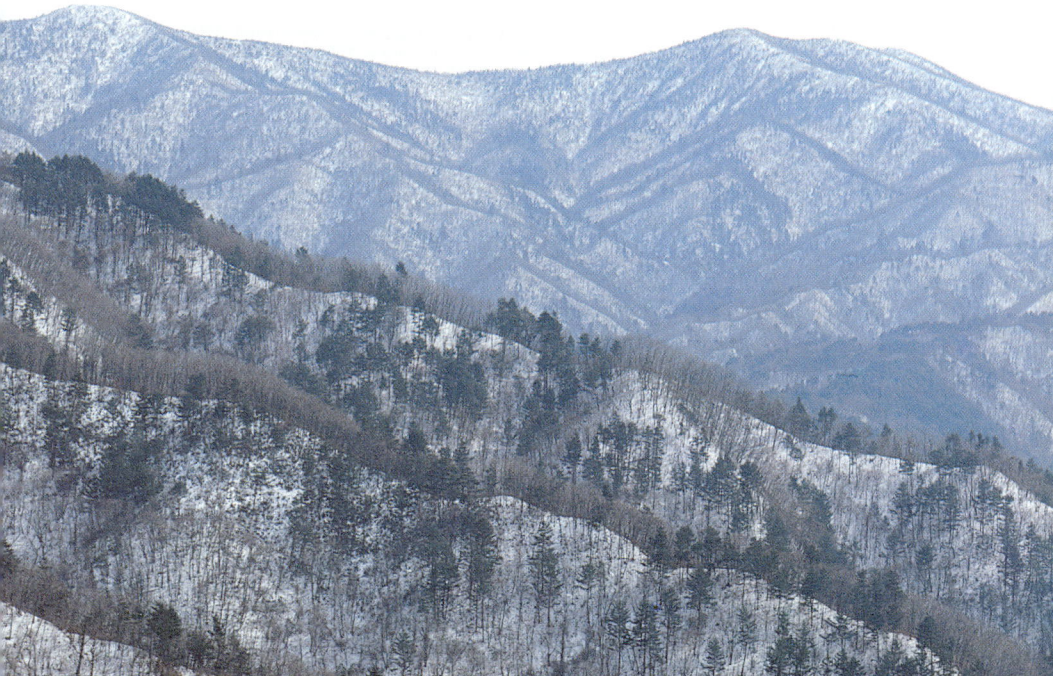

진고개의 가을 맨 위 비로봉 꼭대기에서 시작된 단풍은 산등성이, 계곡을 타고 어느 새 산 저 아래까지 내려가 온 산을 붉게 물들이며 겨울이 멀지 않음을 알린다. 진고 개를 가운데로 하여 동대산과 노인봉이 나뉜다.

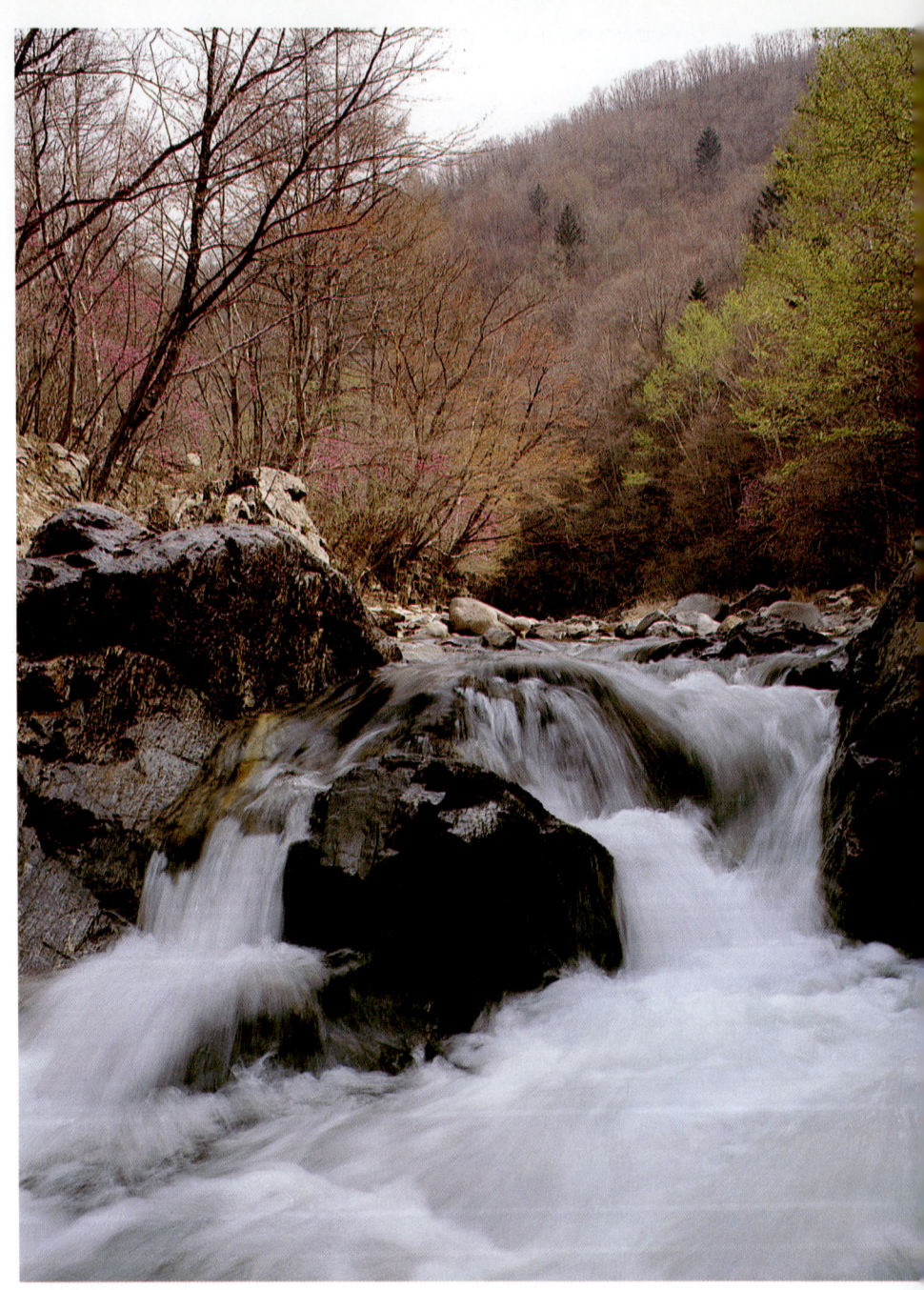

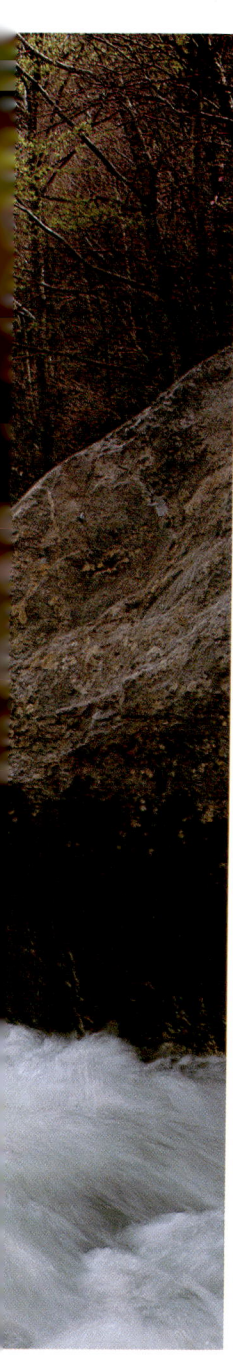

오대천의 봄 신선골, 동피골, 조계골 등의 계곡물이 만나 시작된 오대천은 동대천과 합류하면서 정선을 지나 남한강으로 유입된다.(왼쪽)

백두대간 주릉 금강산, 설악산과는 달리 오대산은 지리산처럼 주요 산정이 대부분 평평하여 일단 산에 오른 다음부터는 산행하기가 어렵지 않다.(아래)

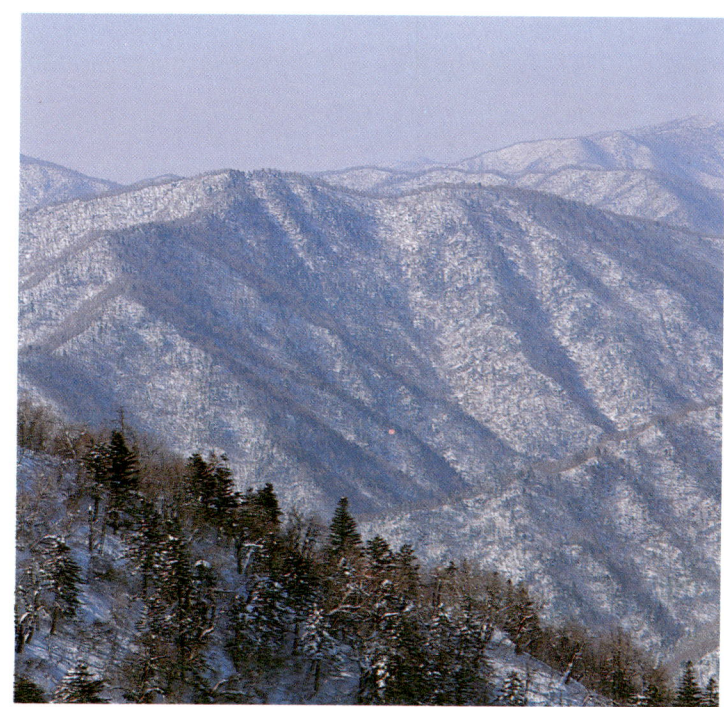

비로봉을 중심으로 호령봉(虎嶺峰, 1,560미터), 상왕봉(象王峰, 1,493미터), 동대산(東臺山, 1,433.5미터), 두로봉(頭老峰, 1,421.9미터)과 같은 1,500미터 안팎의 봉우리들이 환상형(環狀型)을 이루고 있다. 그리고 동쪽 소금강 지역은 노인봉(老人峰, 1,338.1미터), 백마봉(白馬峰, 1,094미터), 황병산(黃柄山, 1,407.1미터), 매봉(1,173.4미터), 천마봉(天馬峰, 999.4미터)이 소금강을 둘러싸고 완만한 능선을 이루고 있다. 국립공원 경계 밖에는 계방산(桂芳山, 1,577.4미터)과 소계방산(小桂芳山, 1,456미터) 등이 있다.

이들 산봉우리 대부분이 평정봉(平頂峰)을 이루고 있고 봉우리 사이를 잇는 능선 역시 경사가 완만하고 평탄한 편이다. 이 때문에 날카로운 기암으로 이루어진 골산(骨山) 설악산과 비교하여 오대산을 흔히 육산(肉山) 또는 토산(土山)의 대표적인 경우로 꼽기도 한다.

표고(標高)를 살펴보면 전체 면적의 35.9퍼센트인 107.1평방킬로미터가 1,000미터 이상의 고산 지대에 속하며 특히 호령봉, 비로봉, 상왕봉을 잇는 능선은 1,400미터 이상이다. 그리고 경사(傾斜)의 경우 주요 봉우리를 연결하는 능선만이 비교적 평탄할 뿐 전체의 84.8퍼센트인 253.2평방킬로미터가 30도 이상의 급경사를 이루고 있다. 특히 두로봉과 동대산을 연결하는 능선의 양쪽 사면은 50도 이상의 급경사를 이루고 있는 대표적인 지역이다.

주요 계곡으로는 월정사 지역에 신선골(또는 신선 계곡), 동피골, 조계골, 작은북대골, 동역골 등이 있으며 소금강 지역에는 청학동 계곡, 구룡폭포 계곡 등이 그리고 6번 국도 주변에는 송천 계곡과 안개자니 계곡 등이 있다.

월정사 지역의 신선골, 동피골, 조계골과 안개자니 계곡은 오대천(五臺川)의 상류를 이룬다. 남한강으로 유입되는 이 오대천은 정선군 북면 나전리에 이르러 북동쪽에서 흘러온 골지천(骨只川)과 만나며 정선읍에 이르러 동대천(東大川)과 합류하면서 조양강(朝陽江)으로 불리게 된다. 한편 소금강 지역의 청학동 계곡, 구룡폭포 계곡, 용수 계곡 등은 동쪽으로 흘러 연곡천을 이룬 뒤 동해로 유입된다.

국립공원 관리공단이 발행한 「오대산 국립공원 안내도」에는 공원 내의 산봉우리 수는 모두 32개이며 계곡은 31개, 폭포는 12개 그리고 38개의 기암(奇岩)이 있는 것으로 집계되어 있다.

월정사 지역과 소금강 지역은 진고개를 사이에 두고 인접해 있지만 기상과 지질 등에서 서로 다른 양상을 보이고 있다. 월정사 지역은 내륙적 성격을 띠고 있는 반면에 소금강 지역은 동해와 인접해 있어 해안 기후의 영향을 받기 때문이다.

건설부가 발행한 「오대산 국립공원 계획」의 기상 관련 자료를 살펴보면 1975년부터 1984년까지 10년 동안의 연평균 기온은 월정사 지역이 6.4도이며 소금강 지역이 12.6도로 기온의 차가 심한 편이다. 그리고 연평균 강우량은 월정사 지역이 1,467.4밀리미터, 소금강 지역이 1,342.3밀리미터이다.

특기할 만한 사항은 여름철에 월정사 지역은 8월과 9월 두 달에 걸쳐 400밀리미터 이상의 비가 내렸으나 소금강 지역은 7, 8월에는 200밀리미터 안팎이다가 9월에 들어서서 400밀리미터 이상의 강우량을 보인다는 점이다. 소금강 지역은 이때가 되면 계곡의 유량(流量) 변화가 크며 최다우량(最多雨量)이 시간당 50~60밀리미터에 달하기도 한다.

월정사 지역의 지층은 월정동(月精洞)으로부터 월정사에 이르는 산록 지대까지는 화강암으로 구성되어 있고 그 밖에는 전(前)캄브리아기의 화강편마암계(花崗片麻岩系)로 이루어져 있으며 곳

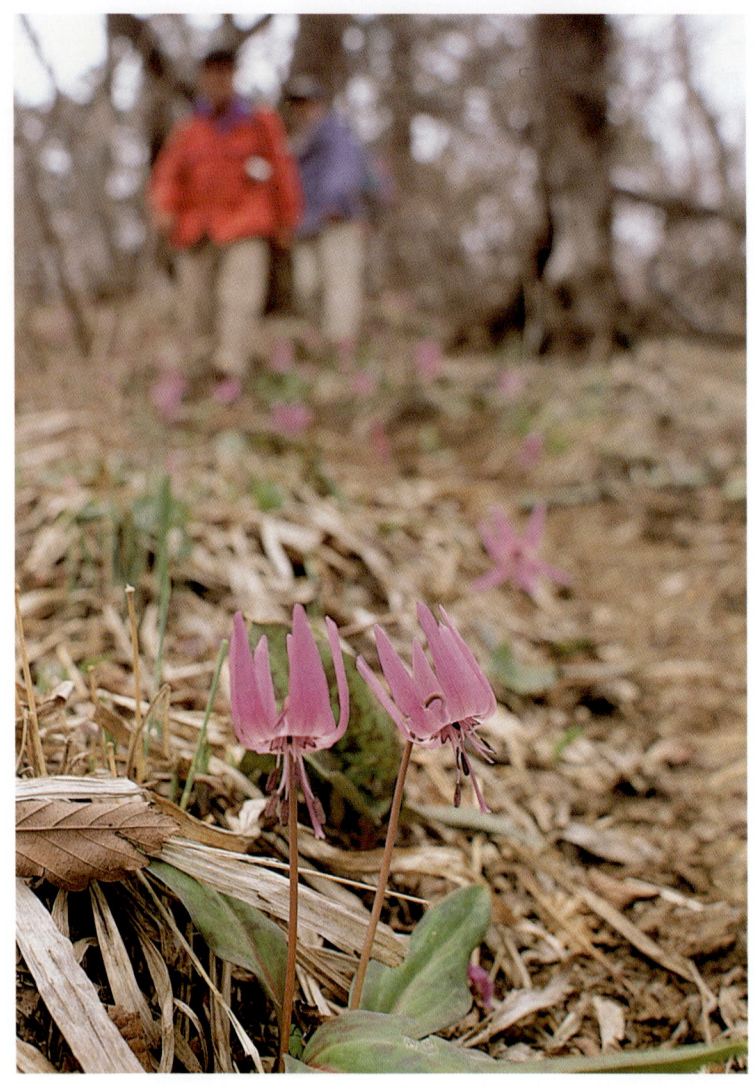

얼레지꽃과 이른봄의 등산객 1975년 국립공원으로 지정된 이후 오대산을 찾는 등산객은 해마다 늘어 최근에는 연간 약 1백만에 이르고 있다. 등산객들이 봄을 맞아 얼레지꽃이 핀 오대산 길을 오르고 있다.

곳에 고생대의 조선층이 산재해 있다. 소금강 지역은 계곡의 일부 지역을 제외한 산지는 산성암(酸性岩)으로 배수가 매우 양호한 사양질(砂壤質)의 암쇄토(岩碎土)가 분포되어 있고 일부 평탄지에 충적토와 퇴적토가 산재해 있다.

오대산의 자연 자원

오대산 국립공원의 자연 자원으로는 식물 64과 238종이 분포하고 있으며 동물은 포유류 8과 16종, 조류 35종, 담수어 21종, 곤충 12목 134과 474종이 서식하고 있다.[1]

식물

오대산은 동해안의 고지대에 위치한 온대성 식물상을 나타낸다. 침엽수림, 활엽수림, 버섯류 등이 널리 분포하고 있고 주요 능선에는 주목, 자작나무 등의 고산식물이 군락을 이루고 있다.

희귀식물로는 북대사 주변의 금강초롱, 북대사 남측 사면의 사창분취, 비로봉 능선의 눈측백, 상왕봉·비로봉·호령봉을 잇는 능선 주변의 주목, 비로봉·호령봉 사이의 좀고사리, 상원사 주변의 이깔나무, 호령봉 계곡의 난티나무와 복장나무 그리고 소금강의 적송 등이다. 특히 이 가운데서 상왕봉과 비로봉 사이의 수령이 5백 년 이상 된 5백여 그루의 주목 군락과 이깔나무, 북대사 주변과 두로봉 일대 능선에 분포하고 있는 철쭉 군락, 월정사 입구의 전나무 숲은 보존이 시급한 실정이다.

건설부가 발행한 「오대산 국립공원 계획」에서는 주요 구간별 식물 분포 현황을 다음과 밝히고 있다.

주요 구간별 식물 분포 현황

분포 구간	분포 식물
월정사~상원사	소나무, 이깔나무, 전나무, 분비나무 등의 침엽수와 박달나무, 고로쇠나무 등의 광엽수가 혼생
상원사~북대사	조릿대 군락, 가문비나무, 전나무, 잣나무, 신갈나무, 물개암나무, 철쭉나무 군락, 참취, 곰취, 흰잎엉겅퀴, 금강초롱
두로봉~상왕봉	철쭉나무 군락, 금강초롱, 전나무
상왕봉~비로봉	자작나무 군락, 주목 군락
비로봉~중대사	분비나무, 전나무, 신갈나무, 복장나무, 고로쇠나무, 박달나무, 전나무, 만병초 군락, 시닥나무, 조릿대 군락
중대사~상원사	신갈나무, 전나무, 분비나무, 고로쇠나무, 복장나무 등의 활엽수림
신고개~노인봉	신갈나무, 조릿대, 제비쑥, 억새, 싸리나무, 자작나무 군락
소금강 입구	들메나무, 털야광나무, 가래나무, 등칡, 굴참나무, 서나무, 층층나무
십자소 주변	조록싸리, 쪽동맥, 작살나무, 서나무, 개박달나무
금강사 주변	개박달나무, 박달나무, 참조팝나무, 좁은단풍, 붉은병꽃나무
삼선암 주변	구실사리, 굴참나무, 진달래, 철쭉나무, 갈졸참나무, 가래나무, 층층나무, 호랑버들, 물푸레, 유가래나무, 왕머루, 개쉬땅, 정향나무, 다래나무, 고추나무, 참조팝나무, 고광나무, 고로쇠나무, 서나무, 개화나무, 국수나무, 졸참나무, 신갈나무, 쪽동백나무 등
구룡폭포 주변	잣나무, 신갈나무, 박달생강나무, 좁은단풍소나무, 함박꽃나무, 진달래, 정향나무, 개옻나무, 물앵도나무, 서나무, 쪽동백나무, 물푸레나무, 뽕잎피나무, 생강나무, 만주고로쇠나무, 붉은병꽃나무, 작살나무, 느릅나무, 붉나무, 뽕나무, 갯버들박달나무, 졸참나무 등

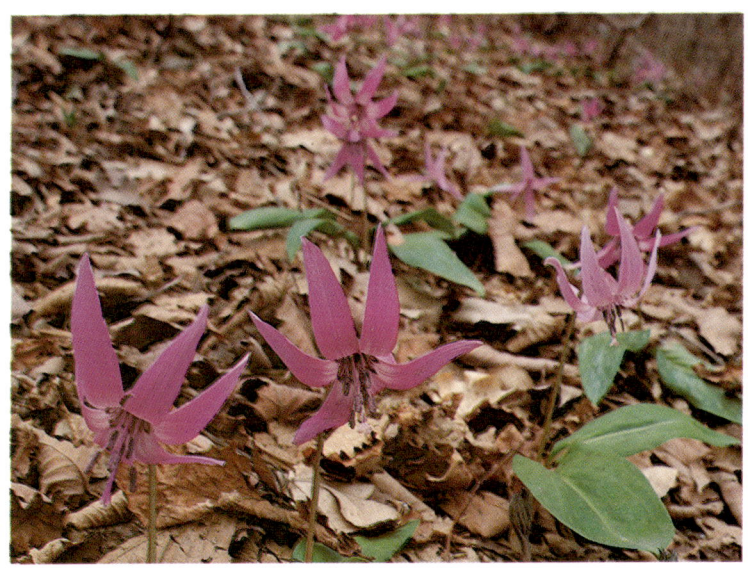

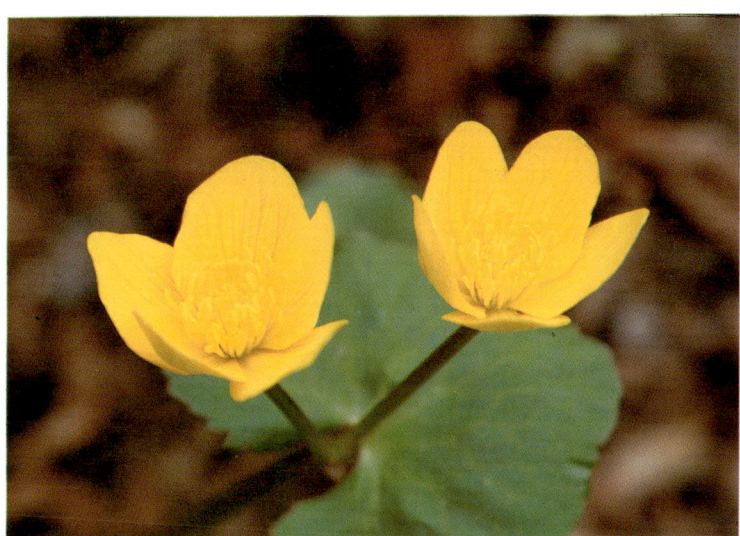

얼레지 오대산 골짜기나 숲 속의 나무 그늘에서 잘 자란다. 이른봄에 보라색 꽃이
피는 백합과의 다년생초이다.(맨 위)

동의나물 4~5월에 황색 꽃이 피는 미나리아재비과의 다년생초로 주로 습지에서 볼
수 있다.(위)

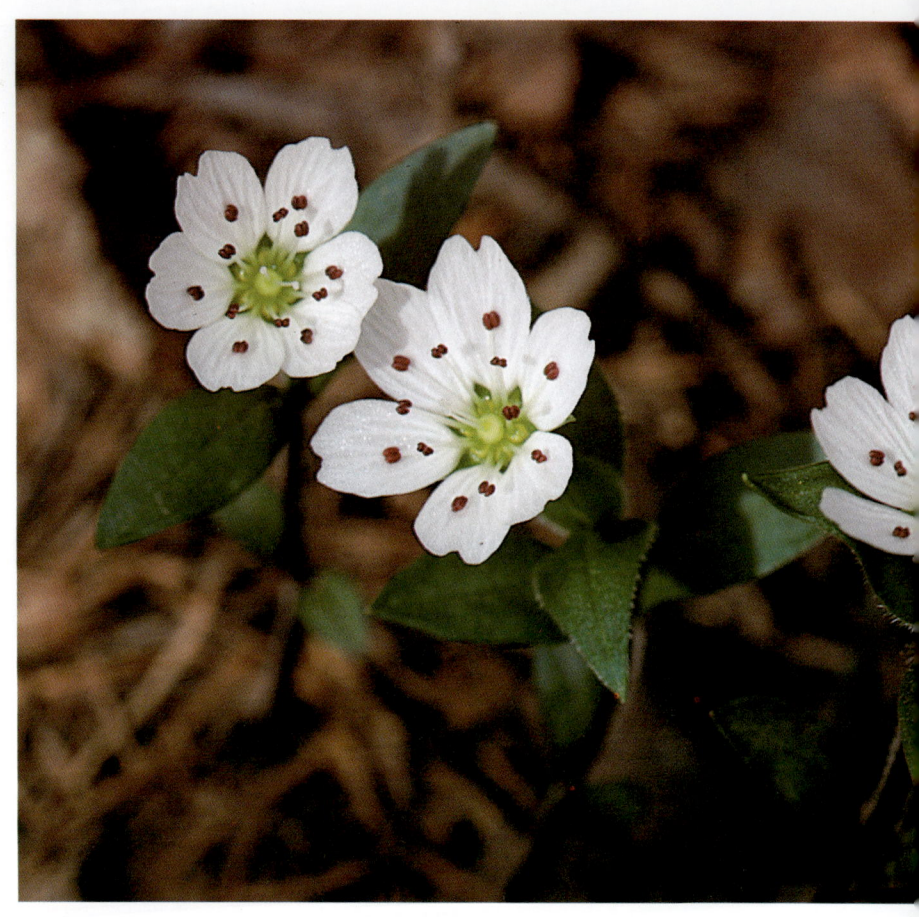

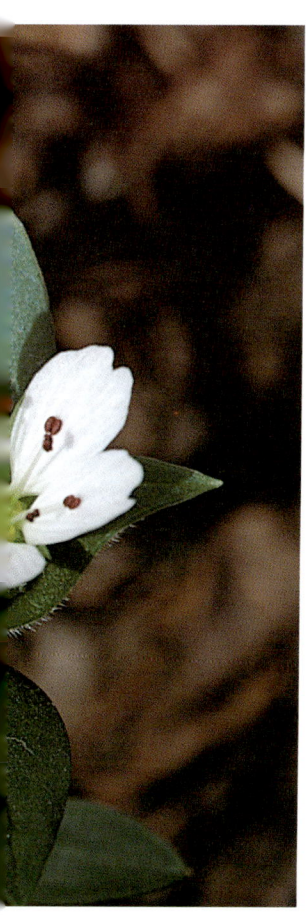

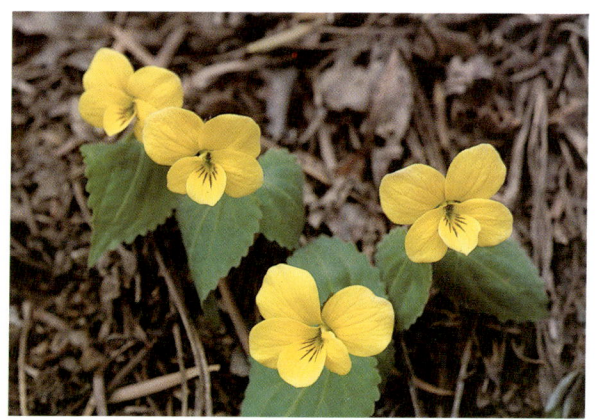

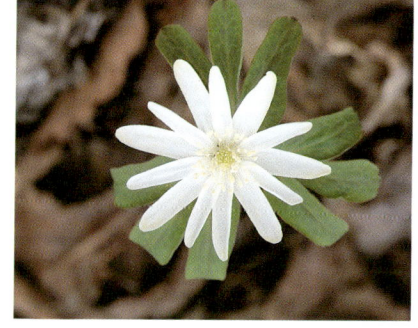

덩굴개별꽃 5~6월경 흰 꽃이 피는 다년생초로 주로 산의 나무 밑에서 자란다.(옆면)

노랑제비꽃 이른봄 햇빛이 잘 드는 양지바른 곳 풀밭에서 볼 수 있다. 줄기에서 꽃대가 나와 노란 꽃이 피는 게 특이하다.(맨 위)

꿩의바람꽃 미나리아재비과에 속하는 다년생초로 흰 꽃이 핀다. 바람이 불어야 꽃이 활짝 핀 것처럼 보인다.(위)

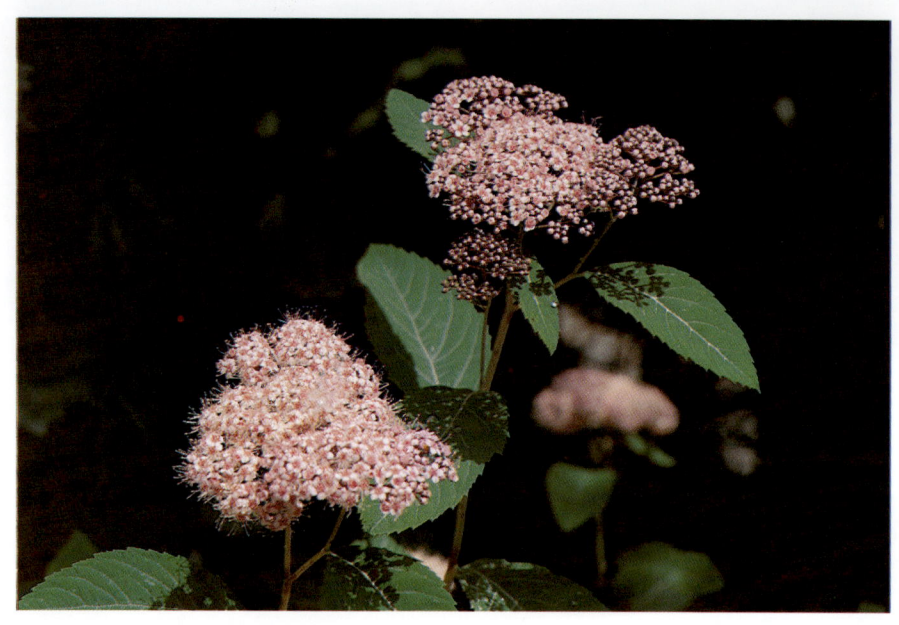

당귀꽃 한약재로 쓰이는 당귀의 꽃이다. 요즘엔 주로 인공으로 재배하나 산 속 깊은 곳에서 찾은 것이다.(위)

노루귀꽃 개나리나 진달래처럼 잎보다 꽃이 먼저 핀다. 꽃은 주로 자주색으로 피는 데, 드물게 흰색 또는 분홍색으로 피기도 한다.(옆면)

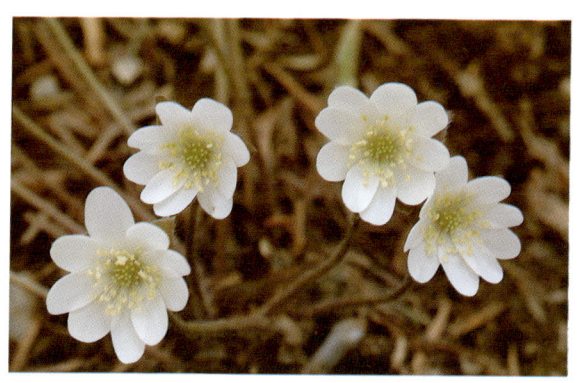

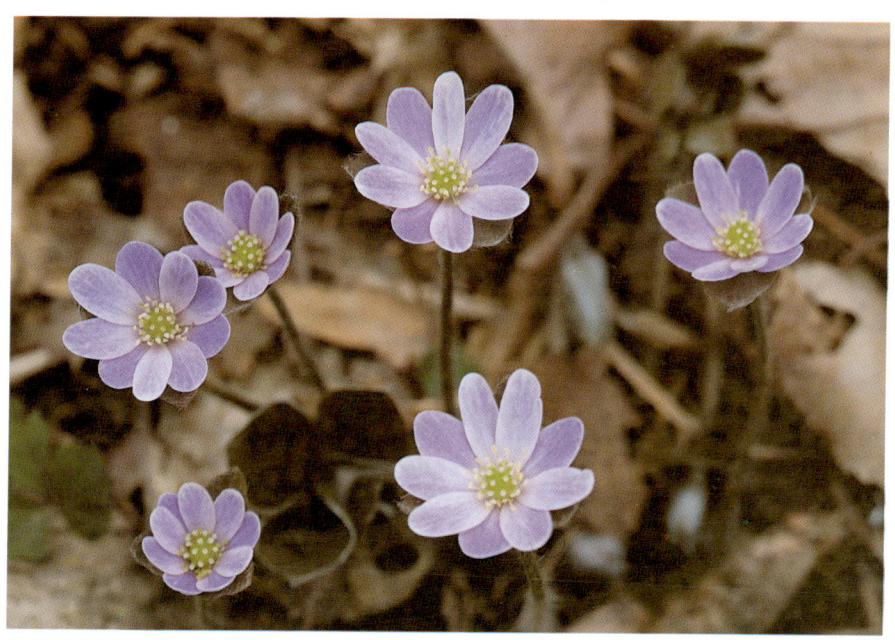

동물

오대산에는 포유동물 8과 16종, 조류 35종, 담수어 21종, 곤충 12목 134과 474종이 분포하고 있다. 주요 동물의 분포 지역을 살펴보면 호령봉 주위에는 멧돼지, 소금강에는 산천어와 장수하늘소, 동피골을 중심으로 한 오대천 상류에는 열목어 등이 주로 서식하고 있다.

포유동물로는 멧돼지, 사향노루, 산양, 하늘다람쥐, 수달, 노랑목도리담비, 너구리, 족제비 등이 있으며 조류로는 원앙, 까막딱따구리, 매, 노랑할미새, 곤줄박이, 촉새, 박새 등이 있다. 모두 21종인 담수어로는 열목어, 산천어, 꺽지 등이 있으며 곤충으로는 소금강에서 서식하는 장수하늘소를 비롯해 은줄표범나비, 암먹부전나비, 칠성무당벌레 등이 있다.

이 가운데서 사향노루(216호), 산양(217호), 장수하늘소(218호), 까막딱따구리(242호), 매(323호), 수리부엉이(324호), 원앙(327호), 하늘다람쥐(328호), 수달(330호) 등은 현재 천연기념물로 지정, 보호되고 있다.

오대산의 인문 자원

오대산 국립공원 내의 사찰 및 암자로는 대한불교 조계종 제4교구의 본사인 월정사를 비롯해 상원사, 중대 사자암, 북대 미륵암, 서대 수정암, 동대 관음암, 남대 지장암, 육수암, 영감사 그리고 소금강의 금강사 등 모두 10개소가 있다.

국립공원 내에 소재하는 주요 문화재로는 국보와 보물이 각 3점씩 있으며 사적이 1개소, 지방유형문화재가 4점 그리고 지방문화자료 1점이 있다. 이들 모두 불교 관련 유물이다.

국보로는 상원사 동종(36호), 월정사 팔각구층석탑(48호), 상원사 목조 문수동자 좌상(221호)이 있으며 보물로는 월정사 석조 보살 좌상(139호), 상원사 중창 권선문(140호), 상원사 목조 문수동자 좌상 복장 유물(793호)이 있다. 그리고 사적으로는 오대산 사고지(37호)가 있으며 지방유형문화재로는 적멸보궁(28호), 상원사 목조 보살 좌상(52호), 월정사 금동 육수관음상(53호), 팔만대장경(54호)이 있다. 그리고 월정사 부도가 지방문화재자료 42호로 지정되어 있다.

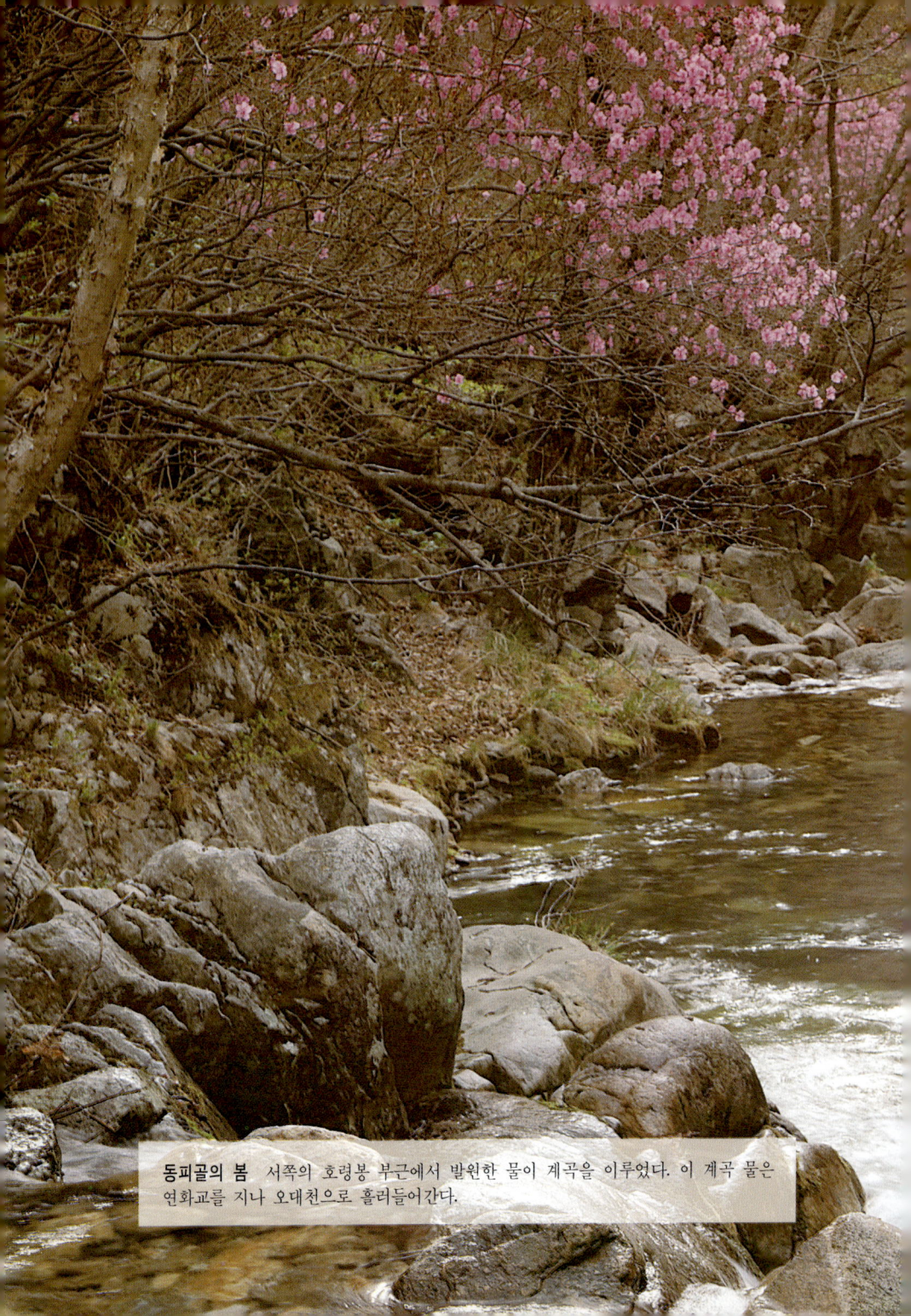

동피골의 봄 서쪽의 호령봉 부근에서 발원한 물이 계곡을 이루었다. 이 계곡 물은 연화교를 지나 오대천으로 흘러들어간다.

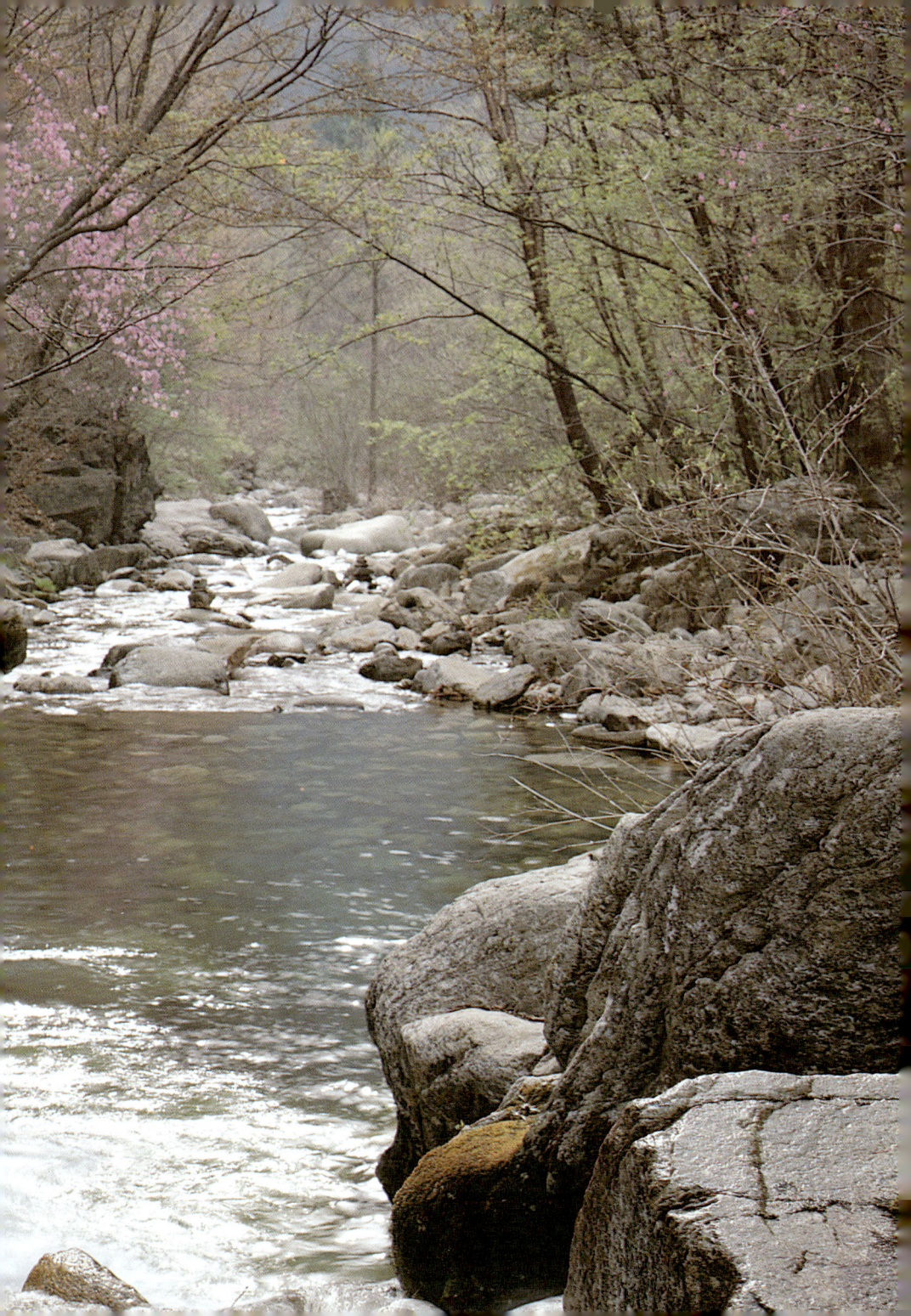

불교 성지로서의 오대산

오대산 신앙

고대인들은 초자연적이며 신령스러운 신이 산에 살고 있어서 인간 세계를 주재(主宰)한다고 믿었다. 그래서 산을 숭배의 대상으로 삼아 신성시하였는데, 이 같은 산악 숭배 신앙은 동서양을 막론하고 인류 고대사에서 흔히 발견할 수 있는 것이다.

산악 국가인 우리나라 역시 일찍부터 산을 신격화(神格化)하고 숭배하는 습속을 가지고 있었다. 『삼국사기』의 「제사(祭祀)」 조에 "고구려는 항상 3월 3일에 낙랑의 구릉에 모여 사냥하고 돼지, 사슴을 잡아서 하늘과 산천에 제사한다"라고 적혀 있으며 『삼국유사』에서는 부여에 신들이 살던 3개의 산이 있었다고 전한다.

삼국 가운데서 신라는 가장 체계화된 산악 숭배 신앙 구조를 가지고 있었다. 삼산(三山)·오악(五岳) 신앙이 그 대표적인 예인데 고대 신라인들은 나력(奈歷), 골화(骨火), 혈례(穴禮)의 삼산(三山)에 호국(護國)의 신이 살고 있다고 믿었다. 그리고 삼국을 통일한 뒤에는 이 삼산에 대해서 대사(大祀)를 지냈고 토함산·

지리산·계룡산·태백산(太伯山)·부악(父岳, 지금의 팔공산)의 오악(五岳)에는 중사(中祀)를, 그리고 상악(霜岳)·설악(雪岳)·감악(紺岳) 등 전국의 24개 산에게는 소사(小祀)를 지냈다.

산에 호국신이 살고 있다는 믿음은 당시의 시대적 상황을 반영하는 것으로 이는 삼국에 공통적으로 해당하는 것인 듯하다. 『삼국유사』의 「남부여전백제북부여(南扶餘前百濟北扶餘)」 조에 보면 부여 안에는 일산(日山), 오산(吳山), 부산(浮山) 3개의 산이 있어서 백제의 전성기에는 신들이 그 산 위에 살면서 서로 날아 왕래하기를 조석으로 끊임없이 하였다는 기록이 있다. 이는 백제에도 산악 숭배 신앙이 있었으며 그 신앙이 국가의 흥망과 깊은 관계가 있음을 보여 주는 것이다.

그리고 '신령스런 산'은 국가 수호, 왕조 보존, 국태 민안을 기원하는 제례의 장소뿐만 아니라 나라의 중대사를 의논하는 장소로 이용되기도 했다. 『삼국유사』「진덕왕(眞德王)」 조에는 신라에 네 곳의 신령스러운 땅이 있어서 나라의 큰일을 의논할 때면 대신들은 반드시 동쪽의 청송산(靑松山), 북쪽의 금강산(金剛山, 지금의 영천군에 있는 산) 등에 모여 의논했으며 그러면 반드시 이루어졌다고 기록되어 있다.

이 같은 토속적인 산악 숭배 신앙이 심화되고 그 바탕 위에 불교가 전래되면서 서로 습합(習合)되어, 신라는 불교와 인연이 깊은 땅이라는 불국토(佛國土) 신앙으로 발전한 것이 바로 오대산 신앙이다. 그리고 이 신라의 오대산 신앙은 『화엄경』에 바탕을 둔, 문수보살이 상주한다는 중국의 오대산 신앙에서 큰 영향을 받은 것이다.

문수보살은 불교의 대승보살(大乘菩薩)의 하나로서 지혜의 완성을 상징하는 화신(化身)이다.

문수는 문수사리(文殊師利)의 준말이며 원어인 범어로는 '만주슈리'이다. 이는 묘덕(妙德), 묘길상(妙吉祥)으로 풀이할 수 있으며 '훌륭한 복덕(福德)을 지녔다'는 뜻이다. 『화엄경』속에서 문수보살은 보현보살과 함께 비로자나불의 양쪽 협시불이 되어 삼존불의 일원을 이루고 있다. 보현보살이 세상 속에서 실천적 구도자로 행동할 때 문수보살은 지혜의 좌표로 묘사되고 있다.

문수보살은 여러 가지 모습을 하고 있으나 일반적으로 연화대에 앉아 오른손에는 지혜의 칼을, 왼손에는 지혜의 그림이 있는 푸른 연꽃을 들고 있는 모습으로 표현된다. 그리고 위엄과 용맹을 상징하는 사자를 타고 있는 모습으로 묘사되기도 한다. 보천과 효명 태자가 오대산에서 푸른 연꽃을 보았다는 『삼국유사』의 기록이나 적멸보궁 아래의 중서대를 사자암이라 부르는 이유도 이 때문이다.

자장 율사에 의한 전래 이후 우리나라에는 문수보살에 대한 신앙이 크게 성행하였다. 그리고 조선조에 이르기까지 문수보살을 직접 친견한 이야기를 비롯하여 많은 관련 설화들이 전해진다.

우리나라의 사찰 대웅전에는 석가모니를 중심으로 좌측에 문수보살을 봉안하는 경우가 많고, 대적광전에도 비로자나불 좌측에 문수보살을 모시며 특별히 문수 신앙이 깊은 사찰에는 문수보살상만을 모신 문수전(文殊殿)을 따로 설치하기도 한다.

개산(開山)의 시조, 자장

오대산에 진성(眞聖, 문수보살)이 거주한다고 믿은 최초의 인물은 자장 율사였다. 오대산의 개산 역시 그에게서 비롯되었다.

자장은 진골(眞骨) 출신으로 신라 17관등(官等) 가운데 3급에 해당하는 소판(蘇判)의 관직에 있었던 김무림(金茂林)의 아들로 태어났다. 이름은 선종(善宗)이며 일찍 부모를 여의자 인생의 허무함을 절실히 느껴 원녕사(元寧寺)를 지은 뒤에 출가하였다. 피나는 수행을 하고 있을 당시 조정에서는 대보(臺輔)라는 높은 관직에 그를 임명하려 하였으나 응하지 않았다. 이에 크게 노한 왕은 취임하지 않으면 목을 베라는 엄명을 내렸다. 하지만 자장은 "내 차라리 계(戒)를 지키고 하루를 살지언정 계를 깨뜨리고 백 년 살기를 원하지 않는다"며 완강히 거절했다. 이 말을 들은 왕은 도리어 부끄러움을 느껴 그의 출가를 허락하였다고 한다.

선덕여왕 5년(636)에 자장은 승실(僧實) 등 제자 10여 명과 함께 당나라로 유학을 갔다. 그는 먼저 문수진신(文殊眞身)을 친견하고자 중국 오대산을 찾았다. 이때의 일을 『삼국유사』「대산오만진신(臺山五萬眞身)」 조에서는 다음과 같이 기록하고 있다.

자장이 처음 중국 태화지(太和池) 가의 문수 석상이 있는 곳에 이르러 7일 동안 공손히 기도하였더니, 꿈에 홀연히 대성(大聖)이 나타나 4구게(四句偈)를 주었다. 꿈에서 깨서도 기억할 수는 있었으나 모두가 범어(梵語)여서 그 뜻을 전혀 알 수가 없었다.

이튿날 아침 스님 하나가 붉은 비단에 금색 점이 있는 가사(袈裟) 한 벌과 부처님의 바리때 하나와 부두골(佛頭骨) 한 조각을 가지고 법사 곁에 와서는 "어찌해서 수심에 싸여 있는가" 하고 물었다. 이에 법사는 "꿈에 4구게를 받았으나 범어여서 해석할 수 없기 때문입니다"라고 대답하였다. 그러자 그 스님이 번역하여 일러주기를 "가라파좌낭(呵囉婆佐囊)이란 일체의 법을 깨달았다는 말이요, 달예다구야(達嚩哆佉野)는 본래의 성품은 가진 바가 없다는 말이요, 낭가사가낭(曩伽呬伽曩)은 법성(法性)을 이렇게 해석한다는 것이요, 달예노사나(達嚩盧舍那)는 노사나불을 곧 본다는 뜻입니다" 하면서 가지고 있던 가사 등을 건네면서 부탁하기를 "이것은 본시 석가 세존이 쓰시던 도구이니 그대가 잘 간직하시오"라고 말했다.

덧붙이기를 "그대의 본국 동북방 명주(溟州) 경계에 오대산이 있는데 1만의 문수가 항상 머물러 있으니 그대는 가서 뵙도록 하시오" 하고는 이내 사라졌다. 법사가 두루 보살의 유적을 찾아보고 본국으로 돌아오려 하는데 태화지의 용이 현신(現身)하여 재(齋)를 청하고 7일 동안 공양하면서 넌지시 "전에 게를 전하던 늙은 중이 바로 진짜 문수보살입니다" 하고 일러주었다. 그리고 절을 짓고 탑을 세울 것을 간곡하게 부탁한 일이 있었는데 이는 모두 별전(別傳)에 실려 있다.

이처럼 자장이 우리나라의 오대산을 진성이 거주하는 곳이라 믿게 된 동기는 중국 오대산에서 만난 문수보살의 가르침 때문이었다.

자장이 문수진신을 만난 중국의 오대산은 가공의 산이 아니라 실제로 존재하는 산이다. 산서성(山西省)의 동북쪽에 있는데 성도(省都)인 태원(太原)과 북경의 중간 지점인 산서성 경계 가까이에 위치하고 있다. 일명 청량산(淸凉山)이라 하는데 이 산에는 동·서·남·북·중의 다섯 봉우리가 있으며 그 봉우리는 삼림이 없이 누대(壘臺)처럼 되어 있기 때문에 오대산이라 불리웠던 것이다.

중국 고유의 산악 숭배 신앙 역시 불교가 전래되면서 새로운 형태의 중국 산악 불교로 발전하였으며, 나중에 몇몇 산은 모든 불보살(佛菩薩)의 근거지 또는 그 시현(示現)의 장소로 숭배되기에 이르렀다. 문수보살이 상주한다고 믿어지는 오대산은 보현보살이 머무는 아미산(蛾眉山), 관음보살이 상주하는 보타산(普陀山)과 함께 중국 산악 불교에서 말하는 3대 명산의 하나로 꼽히고 있다.

일반적으로 관련 학계에서는 중국의 오대산이 문수보살의 정토(淨土)로서 숭배되기 시작한 시기를 5세기경인 동진(東晋) 때로 보고 있다. 418년에 『화엄경』이 번역되었는데—다른 두 종류의 번역본과 구분하기 위해 『육십화엄(六十華嚴)』 또는 『구역화엄경(舊譯華嚴經)』이라 한다—보살주처품(菩薩主處品)을 보면 다음과 같은 기록이 있다.

동북방(東北方)의 청량산이라는 곳에 옛날부터 모든 보살(諸菩薩)이 지주(止住)하고 있었는데, 현재는 문수사리보살이 그 권속 하나만을 거느리고 설법하고 있다.

이후 중국인들은 『화엄경』 속의 청량산을 실재하는 오대산으로 의정(擬定)했고 또 그렇게 믿었기 때문에 오대산 신앙이 생기게 된 것이다. 이처럼 오대산 신앙은 『화엄경』에 기초하고 있다.

한편 박노준의 논문 「오대산 신앙의 기원 연구」에서는 '중국의 오대산이 어떻게 『화엄경』 속의 청량산으로 비정(比定)되었는가'에 대하여 매우 흥미로운 해석을 내렸다.

이 글은 앞서 인용한 『화엄경』의 경구를 다음과 같이 세 가지로 정리하였는데 첫째, 청량산은 동북쪽에 있고 둘째, 청량산이라는 이름에서 이 산의 기온이 청냉량쾌(淸冷涼快)하다는 것이다.

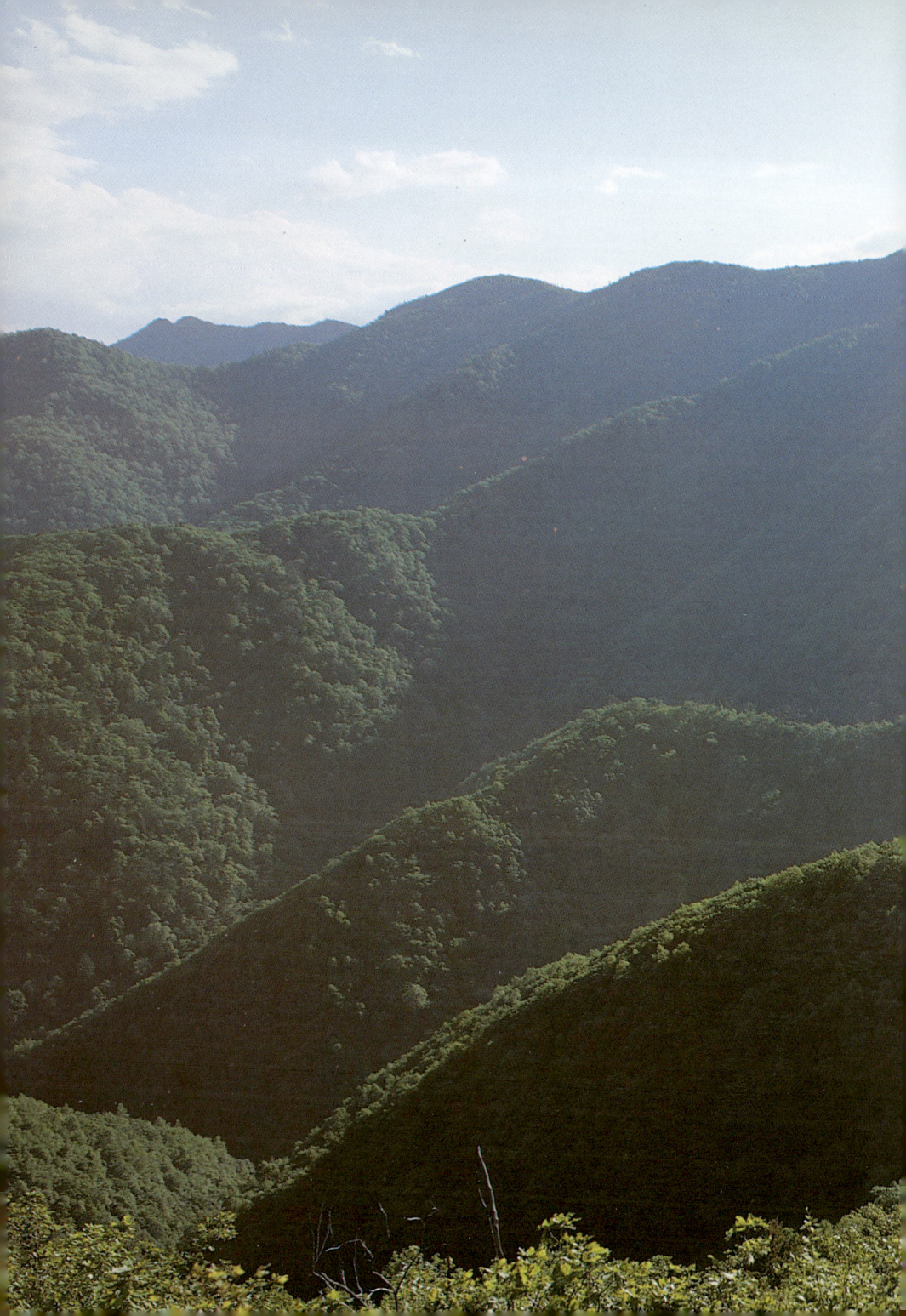

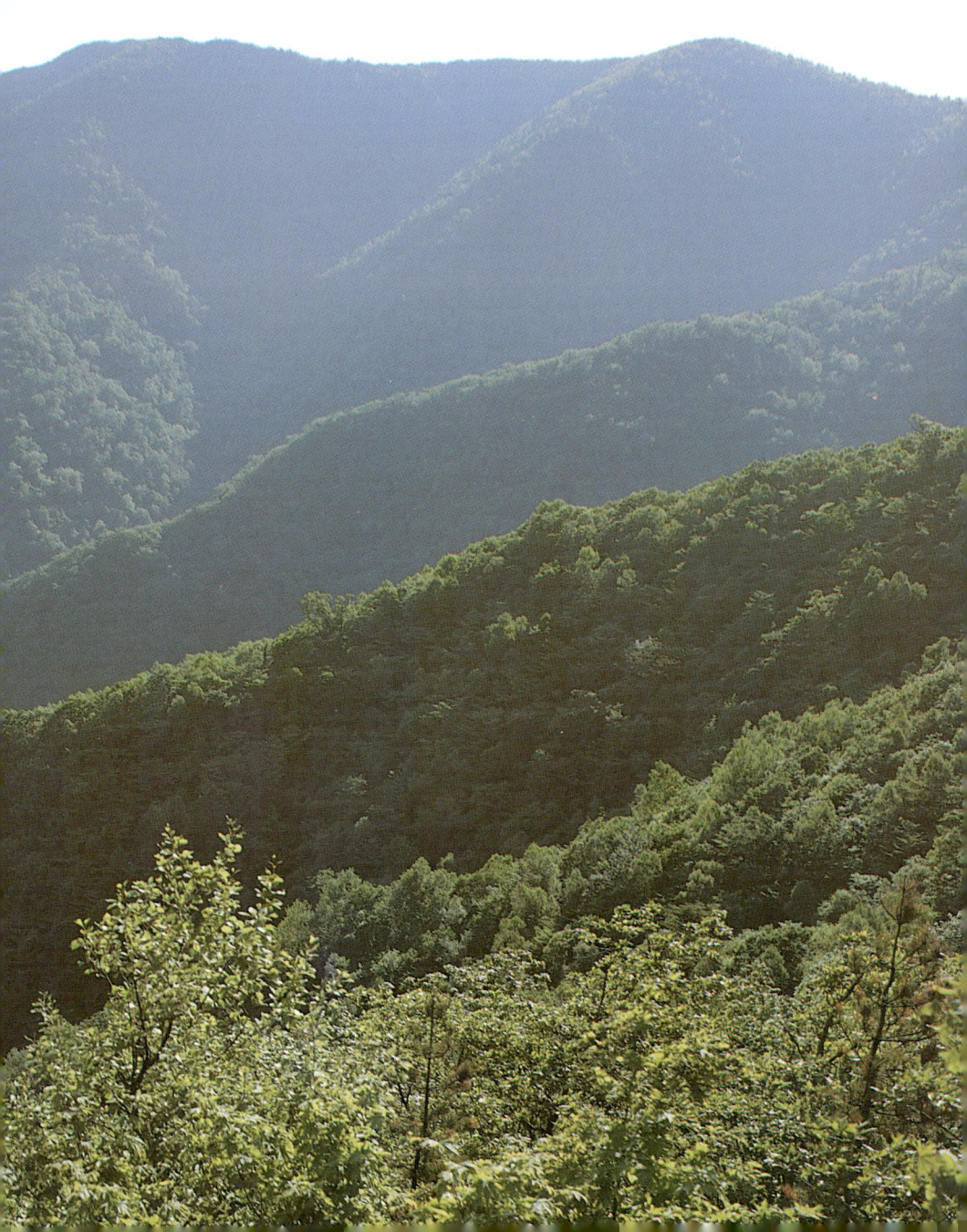

북대사 부근에서 바라본 오대산 전경 날카롭지 않고 둥글면서도 그윽한 향기를 가진 채 넉넉하게 사람들을 받아들이는 산이 바로 오대산이다. 비로봉 양 옆으로 상왕봉, 호령봉 등이 보인다.

그리고 셋째, 문수보살이 그의 권속 하나만을 거느리고 설법한다는 사실이다.

이후 이 논문은 이 세 요건 가운데 세 번째의 것은 종교적 경험의 세계에서나 감지할 수 있는 것이므로 논외로 하고, 첫번째의 지리적 요건과 두 번째의 기후 환경 조건을 감안할 때 이 같은 요건에 거의 일치하는 곳이 바로 중국의 오대산이라는 것이다. 그리고 이 때문에 『화엄경』 속의 청량산으로 의정된 것이라 설명하고 있다.

만일 이 같은 견해가 사실에 가까운 것이라면 우리나라의 오대산 신앙도 이와 유사한 과정을 거쳤을 가능성이 있다. 단순 대입시키는 논리상의 무리는 있지만, 문수보살의 상주처(常住處)로서 강원도 명주군의 오대산이 설정된 배경에는 오늘날 우리가 오대산이라 부르는 산의 지리 및 기후·환경적 조건 등이 감안되었을 수도 있었다는 얘기다. 자장 당시의 신라 사정을 감안한다면 오대산은 신라의 동북방에 위치하고 있었으며 오대산 지역은 인접한 소금강 지역보다 연평균 기온이 6도 정도 낮은 '청냉량쾌'한 곳으로 중국의 오대산과 유사한 조건을 갖추고 있다.

아무튼 자장은 7년 기간의 당나라 유학을 마치고 선덕여왕 12년(643)에 귀국하였다. 그는 지금의 월정사 자리에 모옥(茅屋)을 짓고 머물면서 문수보살의 진신을 만나고자 하였으나 사흘 동안 음산한 날씨가 계속되는 바람에 뜻을 이루지 못했다. 이처럼 자장이 중국의 오대산에서 문수보살을 만난 것과 달리 우리나라 오대산에서 친견했다는 기록은 찾아볼 수 없다.

또한 『삼국유사』 「자장정률(慈藏定律)」 조에는 자장이 석남원(石南院, 지금의 정암사)에 머물러 있을 당시, 죽은 개가 담긴 삼태기를 든 남루한 차림의 노인이 찾아왔으나 문수보살의 화신인

지를 미처 알아보지 못했다는 설화가 기록되어 있다. 이때 자장은 문수보살로부터 "아상(我相)을 가진 자가 어찌 나를 볼 수 있겠는가" 하는 힐책을 들었으며 이런 일이 있은 뒤에 열반에 들었다고 한다. 『삼국유사』 「대산오만진신」 조에 의하면 그가 문수보살을 친견한 곳은 오대산이 아니라 자신의 사재를 들여 세운 경주의 원녕사에서였다. 이 밖에 자장이 오대산에 불우(佛宇)를 세웠다는 어떤 기록도 『삼국유사』 등에는 나타나 있지 않다.

이에 대해서는 여러 가지 해석이 가능할 것이다. 그 가운데 자장이 오대산에서 문수보살을 친견하지 못했다는 설화는 자장에 의해 수입된 중국의 오대산 신앙과 당시의 불교계 또는 토속적인 산악 숭배 신앙 사이에 있었던 신앙적 갈등을 상징하는 것으로도 볼 수 있다.

아무튼 자장은 화엄 사상을 신라에 최초로 소개하였고 황룡사에 9층탑을 세우는 등 신라 불교 발전에 큰 기여를 하였다. 그리고 앞서 설명한 것처럼 당나라 유학 때 화엄 사상을 수용하여 신라에 오대산 신앙의 뿌리가 내리도록 한 인물이다.

오대산 신앙의 신라화, 보천

오대산은 8세기 초 보천과 효명 태자에 이르러 더욱 신성시된다. 이들에 의해 오대산은 문수보살뿐만 아니라 석가 세존, 관음보살, 대세지보살, 지장보살과 같은 오류성중이 상주하는 곳으로 확대·심화되기 때문이다. 이에 따라 동·서·남·북·중앙의 5대에는 각각 만월산(滿月山), 장령산(長嶺山), 기린산(麒麟山), 상왕산(象王山), 풍로산(風爐山)이라는 이름이 붙게 된다.

이는 문수보살이 상주한다고 믿어 온 자장의 오대산 신앙과는 다른 것으로 관련 학계에서는 중국의 오대산 신앙을 발전시켜 신라적(新羅的)으로 수용·전개한 것이라 평가하고 있다.

보천과 효명에 대한 기록은 『삼국유사』 「명주오대산보질도태자전기(溟州五臺山寶叱徒太子傳記)」 조와 「대산오만진신」 조에 전한다. 두 기록 사이에는 부분적인 차이가 있는데 「명주오대산보질도태자전기」 조를 살펴보면 다음과 같다.

신라의 정신(淨神) 태자 보질도(寶叱徒)는 아우 효명 태자와 함께 하서부(河西府)의 세헌(世獻) 각간(角干)의 집에 가서 하룻밤을 묵고 이튿날 대령(大嶺)을 넘어 각각 1천 명씩을 거느리고 성오평(省烏坪)에 가서 여러 날을 놀다가 태화(太和) 원년 8월 5일에 형제가 함께 오대산으로 들어가 숨었다. 이때 무리 가운데 시위(侍衛)하던 자들은 두 태자를 찾지 못하고 모두 서울로 돌아갔다.

형 정신은 오대산 중대 남쪽 밑 진여원(眞如院) 터 아래의 산 끝에 푸른 연꽃이 핀 것을 보고 그 자리에 풀로 암자를 짓고 살았으며, 아우 효명은 북대의 남쪽 산 끝에 푸른 연꽃이 핀 것을 보고 역시 풀로 암자를 짓고 살았다.

두 형제는 꾸준히 수행하였고 오대(五臺)에 나아가 공경하며 예배하기를 게을리 하지 않았다. 청방(靑方)인 동대 만월형(滿月形) 산에는 관음보살의 진신 1만이, 적방(赤方)인 남대 기린산에는 팔대보살(八大菩薩)을 우두머리로 한 1만 지장보살이, 백방(白方)인 서대 장령산에는 무량수여래(無量壽如來)를 우두머리로 한 1만 대세지보살(大勢至菩薩)이, 흑방(黑方)인 북대 상왕산에는 석가여래를 우두머리로 한 5백의 대아라한(大阿羅

漢)이, 그리고 황방(黃方)인 중대 풍로산은 지로산(地爐山)이라고도 하는데 여기에는 비로자나를 우두머리로 한 1만 문수보살이 늘 머물러 있었다.

또 진여원에는 문수보살이 매일 이른 아침이면 36형(三六形)으로 화하여 나타났다. 두 태자는 하루도 거르지 않고 예배하고 이른 아침이면 골짜기의 물을 길어다가 차를 달여서 1만의 문수보살 진신에게 공양했다.

이처럼 오대산은 보천과 효명에 의해 문수보살뿐만 아니라 석가여래를 비롯한 오류성중의 진신이 상주하는 산으로 확대된다. 하지만 중대에 문수보살이 상주하고 또 그 두 사람이 문수보살에게 매일 차를 공양한 것으로 보아 이때의 오대산 신앙 역시 문수보살을 중심으로 전개되었음을 알 수 있다.

한편 속리산의 비로봉을 비롯해 우리나라에는 비로봉이라는 명칭을 가진 산봉우리들이 많은데, 이는 비로자나불을 중심으로 한 1만 문수보살이 상주했다는 오대산 신앙에서 비롯된 것이 아닌가 싶다. 풍로산 또는 지로산이라 불리던 오대산의 주봉이 오늘날 비로봉으로 바뀐 이유도 바로 이 때문일 것이다.[2]

보질도로도 불리는 보천 태자는 계속 수행하여 갖가지 이적을 행하다가 오대산에서 입적했다. 그리고 그의 아우 효명은 후에 왕위에 올라 성덕왕(聖德王)이 되며 재위 4년(705)에 진여원을 창건하였다.[3] 임종할 당시 보천은 나라의 보익(補益)을 위하여 동대에 관음방(觀音方)을 두어서 관음보살 원상(圓像)과 푸른 바탕에 그린 1만 관음보살상을 모시고 관음예참(觀音禮懺)을 행하고 이곳을 원통사(圓通社)라 칭하라는 등의 유언을 남겼다.

이를 정리하면 다음과 같다.

보천의 유언에 따른 오대의 위치

방위	위치	절 이름	주존	명칭	산 이름
청(靑)	동대(東臺)의 북각하(北角下) 북대(北臺)의 남록말(南麓末)	관음방 (觀音方)	원상관음 (圓像觀音)	원통사 (圓通社)	만월산 (滿月山)
적(赤)	남대남면(南臺南面)	지장방 (地藏方)	원상지장 (圓像地藏)	금강사 (金剛社)	기린산 (麒麟山)
백(白)	서대남면(西臺南面)	미타방 (彌陀方)	원상무량수 (圓像無量壽)	수정사 (水精社)	장령산 (長嶺山)
흑(黑)	북대남면(北臺南面)	나한당 (羅漢堂)	원상석가 (圓像釋迦)	백련사 (白蓮社)	상왕산 (象王山)
황(黃)	중대(中臺)	진여원 (眞如院)	이상문수 (泥像文殊)	화엄사 (華嚴社)	풍로산, 지로산 (風爐山,地爐山)

　이 밖에도 보천은 자신이 거주하던 보천암(寶川庵)을 화장사 (華藏寺)로 고쳐 화엄신중(華嚴神衆)을 생각하면서 이름은 법륜 사(法輪社)라 칭하게 하고, 하원(下院) 문수갑사(文殊岬寺)를 배 치하여 각 결사의 도회처로 삼도록 당부하였다.

　이를 살펴보면 오대산에 오류성중의 진신이 상주한다는 보천의 신앙은 호국적인 성격을 띠고 있으며 더욱 구체화되고 있다. 그리 고 원통사, 금강사 신도들의 공동체인 신앙 결사(信仰結社)에 대 한 언급으로 미루어 보아 일반 신도들의 수행과 포교까지 염두에 두었음을 알 수 있다.

　이 같은 보천의 유언이 그 후 얼마나 실현되었는지는 알 수 없 다. 하지만 당시는 신라가 삼국 통일을 이룬 후이고 왕족인 보천 이 불사(佛事)에 소요될 재원의 충당 방법까지 제시했다는 점 등 을 통해 상당히 구체화되었으리라 짐작할 수 있다. 17세기에 범허 정(泛虛亭) 송광연(宋光淵)이 쓴 기행문을 보면 "여러 암자가 사 각(史閣)의 위아래에 바둑알처럼 놓여 있었다"고 하여 화엄암, 동

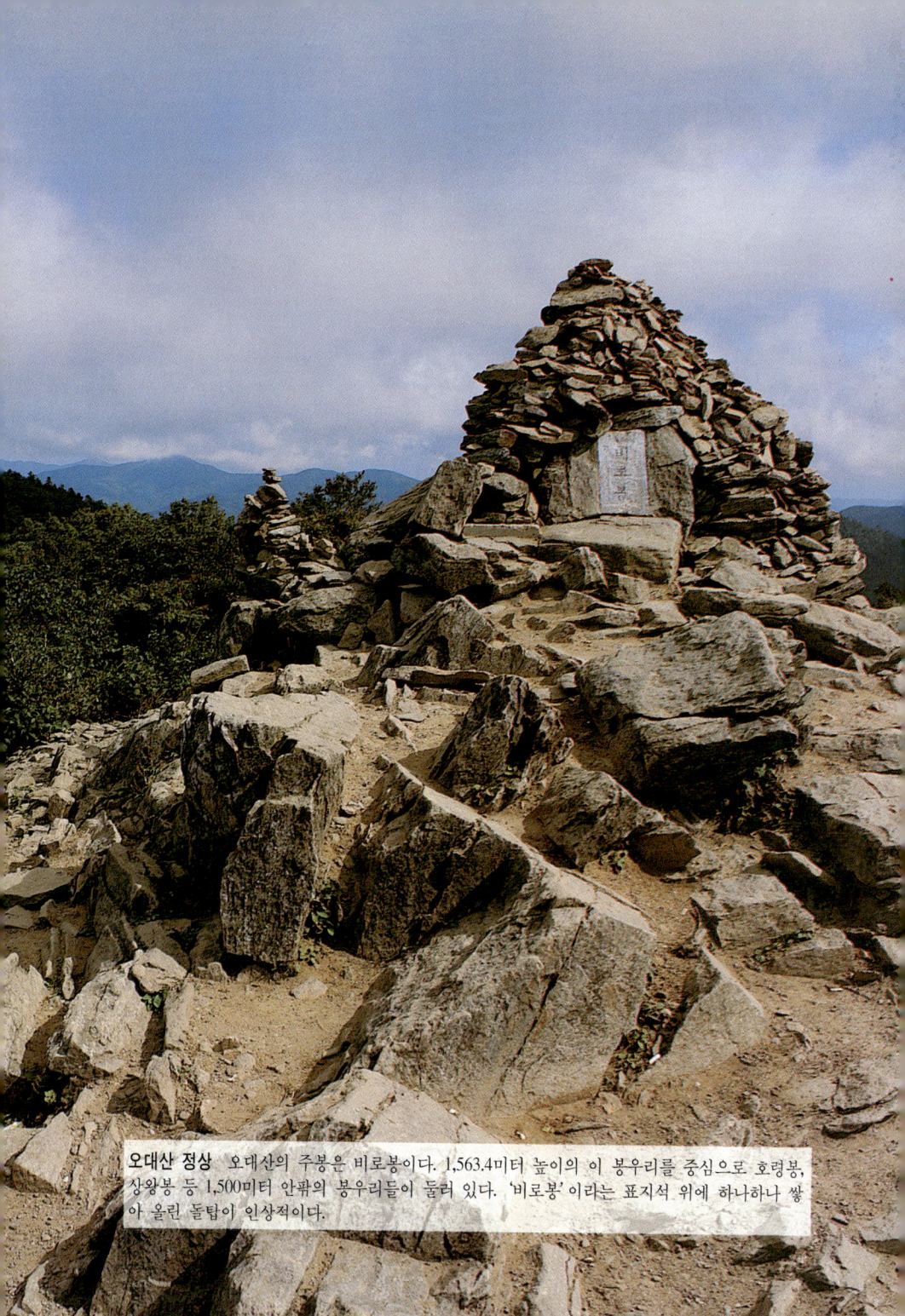

오대산 정상 오대산의 주봉은 비로봉이다. 1,563.4미터 높이의 이 봉우리를 중심으로 호령봉, 상왕봉 등 1,500미터 안팎의 봉우리들이 둘러 있다. '비로봉'이라는 표지석 위에 하나하나 쌓아 올린 돌탑이 인상적이다.

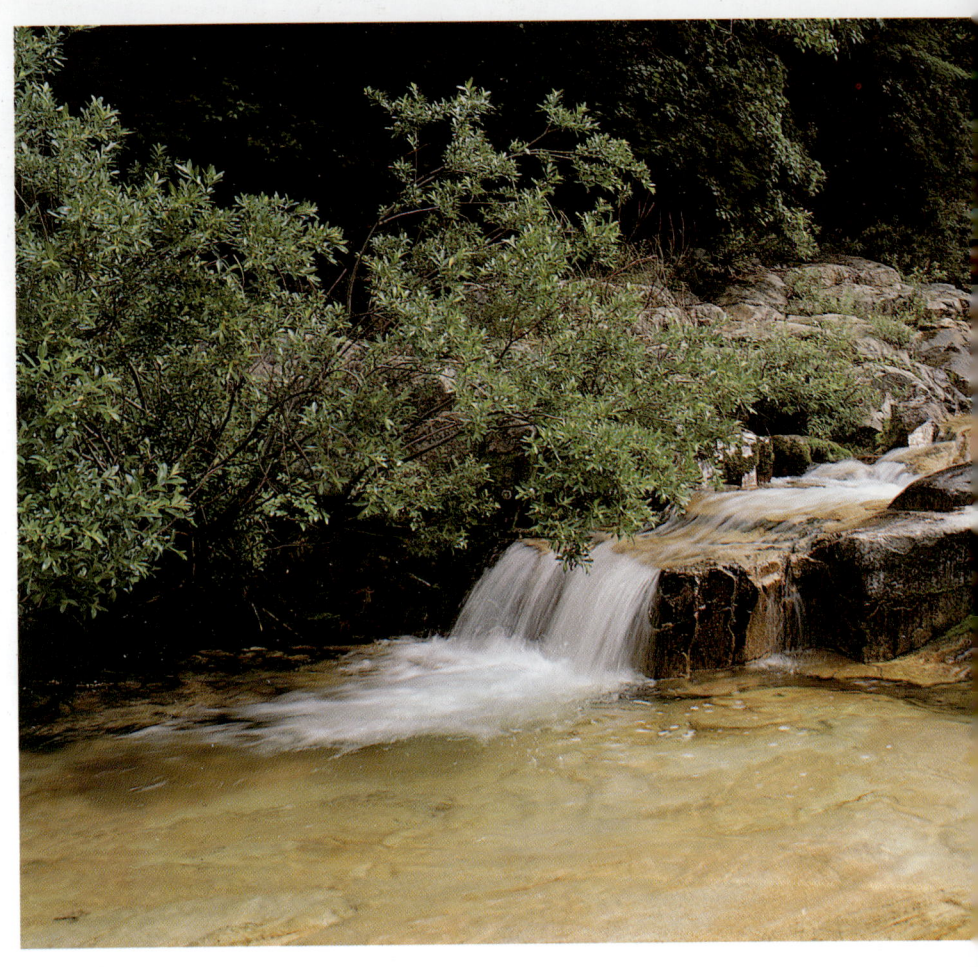

관음암, 남관음암, 금강암 등 많은 암자가 당시에 실제로 있었던 것으로 기록하였다.

한편 학계에서는 오대의 각 대에 오류성중의 진신이 상주한다는 보천의 오대산 신앙은, 밀교에서 말하는 금강계 만다라의 오방불(五方佛)에서 영향을 받은 것으로 밀교 교리에 재래의 불교 신

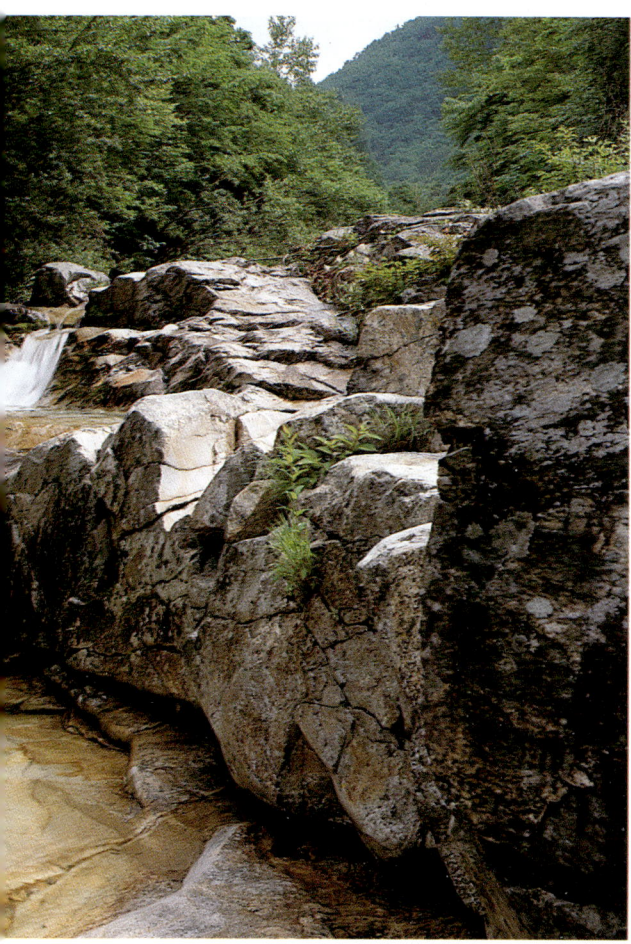

신설골 입구 오대산과 관련되어 중요한 인물인 신라 태자 보천이 살았던 신성한 계곡이라 하여 신선골이란 이름이 지어졌다고도 한다. 이 계곡을 따라 죽 올라가면 두로봉에 닿을 수 있으나 등산로가 개설되어 있지 않다.

앙을 가미한 한국 특유의 만다라로 보고 있다. 또한 오대산 신앙은 당시의 다양한 불교 신앙 형태를 만다라적인 통일 원리로 종합한 것으로 평가하고 있다.[4]

또한 자장의 화엄 밀교 사상에 의해 성립되고 보천에 의해 화엄 만다라적인 구상으로 발전된 신라의 오대산 신앙은, 당나라 때

징관(澄觀, 738~839)에 의해 발전한 중국의 오대산 신앙보다 시기적으로 앞선 것이다. 또 그 내용에 있어서도 발전된 신라 불교의 우수성을 증명하는 것이라 보고 있다.[5]

보천 이후 신효 거사(信孝巨士), 범일 대사의 제자인 신의 두타(信義頭陀), 수다사(水多寺)의 장로(長老) 유연(有緣) 등이 오대산을 찾았다. 이들은 자장이 처음 머물렀던 곳에 암자를 세웠는데 지금의 월정사이다. 『삼국유사』 「대산월정사오류성중」 조에는 유동보살(幼童菩薩)의 화신이라고 하는 신효 거사가 월정사에서 오류성중을 친견하였다고 기록되어 있다.

한편 46쪽의 표를 살펴보면 기록에 나타난 것과 요즘의 지명 사이에 많은 차이가 있는 것을 알 수 있다. 이는 산악인을 비롯해 많은 사람들이 궁금해 하는 점이기도 하다.

오늘날 오대산의 다섯 봉우리는 북쪽으로부터 두로봉, 상왕봉, 비로봉, 호령봉 그리고 동대산이다. '산'이 '봉'으로 바뀐 것은 별개로 하더라도 이 이름을 46쪽의 표와 비교해 보면 북대의 상왕봉만이 일치하며 중대의 지로봉이 비로봉으로, 동대의 만월산이 동대산으로, 서대의 장령봉이 호령봉으로 바뀌어 있음을 알 수 있다. 또한 남대 뒤에 있어야 할 기린봉이 현재는 지도에도 나타나 있지 않고 또 그 위치조차 확인할 수 없다. 최근에는 기린봉 대신에 상왕봉보다 더 북쪽에 솟아 있는 두로봉을 다섯 봉우리에 포함시키기도 한다.

이 같은 변화에 대해서는 여러 가지 해석이 가능하다. 한 가지 분명한 것은 보천과 요즘의 우리가 산을 바라보는 관점에는 근본적인 차이가 있다는 사실이다. 우리가 높이를 기준으로 다섯 봉우리를 꼽는 데 반해 보천은 화엄 만다라적인 구상으로 오대를 설정했을 가능성이 크다.

만다라는 밀교가 창출해 낸 일종의 성역이다. 이 성역은 석가만이 들어갈 수 있는 특정한 장소가 아니라 득오(得悟)의 경지에 이를 수 있는 불심을 가지고 있는 모든 중생의 성불(成佛) 가능성을 최대한으로 수용한 성스러운 공간이다. 만일 보천이 이 같은 성역(聖域) 개념으로서 오대를 설정한 게 사실이라면 밀교와 만다라에 대한 이해가 우선되어야 오대의 위치에 대한 명확한 사실 확인이 가능할 것이다.

『삼국유사』 등 문헌을 중심으로 추론해 보면, 먼저 『삼국유사』와 송광연의 기행문에서 알 수 있듯이 당시에는 수많은 암자가 있었을 뿐 아니라 신도들이 수행하던 신앙 결사들도 다수 세워져 있어서 후대에 이르러 그 위치가 다소 바뀌었을 가능성도 배제할 수 없다. 실제로 송광연의 기행문을 보면 동관음암과 남관음암이 별도로 건립되어 있음을 알 수 있다. 따라서 지금의 관음암 자리는 예전에 남관음암이 있었던 곳이라고 추측할 수도 있다.

기린봉의 위치 또한 의문의 여지가 있다. 현재의 남대 지장암과 동대 관음암의 위치가 보천이 설정한 장소와 일치한다면 그 뒤에 위치한 1,078미터 혹은 1,280.9미터 고지 일대를 기린봉으로 볼 수도 있을 것이다.

하지만 송광연의 기행문에는 "서대로부터 남쪽으로 가면 기린대라는 이름의 남대가 있다. 그 밑에는 사각이 있고 그 곁에는 영감사(靈鑑寺)가 있다"라고 적혀 있다. 송광연이 직접 가 본 것은 아니고 상원사의 승려들에게서 들은 이야기를 적은 것 같은데, 이를 그대로 따르자면 기린봉은 영감사 뒤 1,301.2미터 지점이라 할 수 있다.

이 지점을 기린봉으로 볼 때 전체적인 짜임새에 있어서 큰 무리가 없다. 오히려 월정사 쪽에서 중대로 향할 경우, 입구의 좌우

라 할 수 있는 지점에 동대산과 기린봉이 버티고 있어 오대의 설
정이 좀더 압축되고 정리된 느낌을 준다. 그리고 간과할 수 없는
것은 『삼국유사』에 기록된 보천과 효명의 활동 영역은 대체로 지
금의 동피골 입구로 갈라지는 지점의 위부터 시작된다는 점이다.
월정사와 관련된 보천의 기록은 어디서도 찾을 수 없고 지금의
신선골 입구에는 그가 머물던 신성굴(神聖窟)이 있었고 이 때문
에 후에 신선골이라 이름지어졌다는 이야기도 있다.

　따라서 보천이 머물렀다는 진여원이 있는 위치에서 볼 때에
1,301.2미터 고지는 분명히 남쪽에 위치한 봉우리이며 결국 기린
봉으로 설정되었을 가능성이 있다.

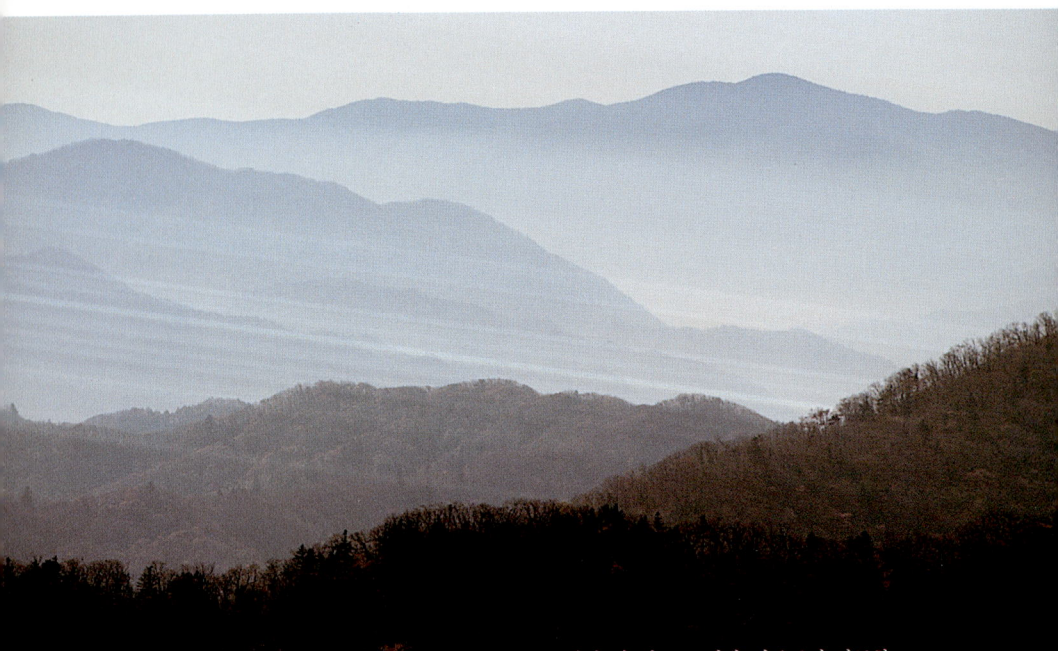

북대사에서 본 오대산 연봉 멀리 희붐한 구름 위에 떠 있는 오대산 연봉들이 아득한
느낌을 준다.

세조와 문수동자

오대산이 문수도량(文殊道場)으로서 재인식된 것은 조선조 세조(世祖, 1417~1468) 때의 일이다.

고려 때의 문수보살과 관련된 설화는 현재 전하지 않으며 월정사와 상원사 등 사찰에 관한 기록도 『동문선(東文選)』에 실린 이색(李穡, 1328~1396)의 「오대상원사승당기(五臺上院寺僧堂記)」와 권근(權近, 1352~1409)의 「오대산서대수정암중창기(五臺山西臺水精庵重創記)」정도이다. 그래서 당시 오대산에서 수행하던 고승들의 이야기도 알 길이 없다. 다만 북대 근처에 나옹 화상(懶翁和尙, 1320~1376)이 수도했다는 나옹대(懶翁臺)가 있고 1377년에 상원사를 중창한 영로암(英露庵)이 그의 제자로 알려져 있어 고려 말에는 나옹 화상의 법맥과 관계가 깊었을 것이라 짐작할 뿐이다.

조선조에 이르러 오대산은 태종이 원찰로 삼은 상원사가 있는 산으로서 역사에 등장한다. 태종은 상원사 사자암을 중건한 뒤 자신의 원찰로 삼았는데, 조선조 개국 후에 왕사(王師)가 된 무학대사(無學大師)가 나옹 화상의 제자인 것을 고려하면 역사 속으로의 편입은 이미 나옹 화상 때에 마련된 것이라 볼 수 있다.

그 뒤 오대산은 세조와 깊은 인연을 맺게 된다. 단종을 강제로 폐위시키고 왕위에 오른 세조는 불교에 귀의하여 『석보상절(釋譜詳節)』을 편역하는 한편 불경 간행에 힘쓰는 등 불교의 중흥에 큰 기여를 하였다.

세조와 상원사의 인연은 그의 즉위 초기부터 시작되었다. 전신에 종창이 생기는 괴질에 걸린 그는 부처의 힘을 빌려 병을 고치고자 오대산으로 향하였다. 월정사에서 참배를 올린 뒤 상원사로

관대걸이 세조가 상원사에 참배하러 오는 도중 목욕을 할 때 의관을 벗어 여기에 걸었다고 한다. 관대걸이가 있는 길 건너편 계곡이 세조가 목욕했던 장소라고 전한다.(오른쪽)

상원사 고양이상 상원사를 방문한 세조가 고양이의 도움에 의해 죽음을 모면한 후 그 은덕을 기리기 위해 세운 석상이다.(옆면)

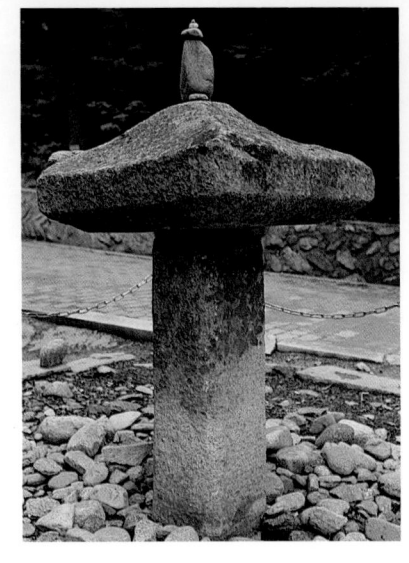

가던 중, 물 맑은 계곡에 이른 그는 좌우를 물리치고 혼자서 목욕을 하였다. 그 때 숲 사이로 동자승이 지나가자 세조는 그를 불러 몸을 씻게 했다.

목욕을 마친 뒤 세조는 임금의 옥체를 씻어 주었다는 이야기를 발설하지 말라고 어린 사미승에게 일렀다. 그러자 그 동자승은 왕께서도 문수보살을 친견했다는 말을 다른 사람들에게 하지 말라고 하고는 홀연히 사라졌다.

이에 놀란 세조는 주위를 살피다가 자신의 병이 깨끗이 나은 것을 알게 되었다. 이렇게 해서 세조는 자신이 직접 보았던 모습 그대로 동자상을 조성하게 하였는데 국보 221호로 지정되어 있는 목조 문수동자 좌상이 바로 그것이다. 상원사로 오르는 길목에 세조가 의복을 벗어 걸었다는 관대걸이가 지금도 있으며 길 건너편 계곡이 그가 목욕했던 장소라고 한다. 목조 문수동자 좌상의 양식이나 그 곳에서 나온 발원문 등을 볼 때 이 같은 설화가 그냥 꾸며진 이야기라고 볼 수는 없을 것 같다.

세조와 상원사의 인연은 이후에도 계속된다. 이 같은 이적(異跡)이 있은 다음해에 세조는 또다시 상원사를 방문했다. 법당에 들어가 예불을 드리려 하는데 별안간 고양이가 나타나 세조의 옷 소매를 물고는 한사코 들어가지 못하게 했다. 괴이하게 여긴 세조가 법당 안팎을 샅샅이 뒤지도록 명령하여 불상을 모신 탁자 밑에 한 자객이 숨어 있는 것을 찾아냈다.

고양이의 도움으로 목숨을 건진 세조는 은혜에 보답하기 위해 상원사에 묘전(猫田)을 하사했다. 그리고 봉은사 등 서울 근교 여

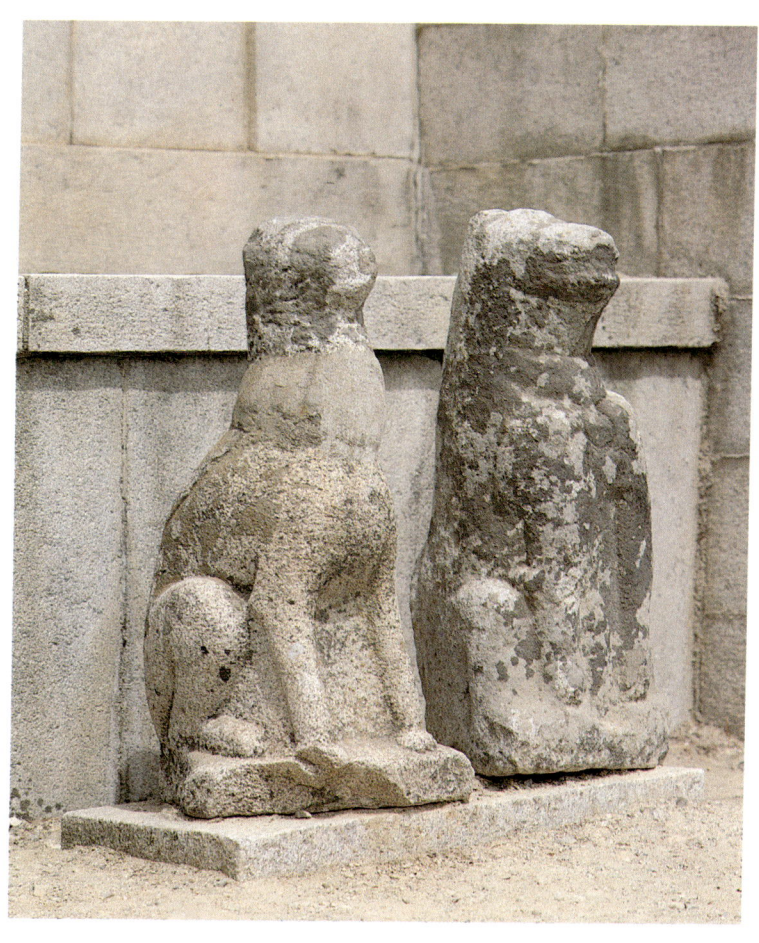

러 곳에 묘전을 설치하고 고양이를 기르게 했다. 지금도 상원사 본당 청량선원 앞에는 두 마리의 고양이 석상이 세워져 있다.

즉위한 지 10년이 되던 해에 세조는 다시 중병을 앓게 되었다. 이때 혜각(慧覺) 신미(信眉)의 권유를 받아 인수 대비(仁粹大妃)가 임금에게 상원사 중창을 청하였는데 공사를 시작하자마자 세조는 금방 건강을 회복했다고 한다. 공사를 시작한 다음 해인 1466년에 마침내 낙성식을 갖게 되었으며 이때 세조가 직접 참석을 했다. 그리고 예종 원년(1469)에는 선왕의 뜻을 따르기 위해 상원사를 세조의 원찰로 삼았다.

이후 상원사를 비롯한 오대산의 사찰은 크게 융성하였다. 그리고 선조 39년(1606)에는 조선 왕조의 실록과 왕실의 족보를 보관하는 사고(史庫)가 설치되어 오대산은 좀더 중요한 곳으로 인식되었다. 하지만 그 후 조선 왕조의 몰락과 함께 쇠락하기 시작했고 금세기에 이르러 6·25 전쟁을 거치면서 상원사를 제외한 모든 사찰이 전소되는 비운을 맞게 되었다.

그 폐허 속에서 오늘날과 같은 오대산의 불교 문화를 다시 일으킨 이가 방한암(方漢岩, 1876~1951) 대종사(大宗師)이다. 경허(鏡虛), 만공(滿空) 등과 함께 당대의 대선사였던 한암은 21세 때인 1897년 금강산 장안사에서 보조 국사의 「수심결(修心訣)」을 읽다가 문득 깨달음을 얻은 이후 해인사, 통도사, 건봉사 등지에서 수행하였다. 봉은사 조실로 있던 1925년에 한암은 "천고에 자취를 감추는 학이 될지언정 삼춘(三春)에 말 잘하는 앵무새의 재주는 배우지 않겠노라"는 말을 남긴 뒤 이곳 오대산을 찾았다. 그리고 입적할 때까지 27년 동안 산문 밖을 나가지 않았다. 그 뒤 오대산의 법맥은 한암의 수제자 탄허(呑虛, 1913~1983)를 거쳐 오늘에 이르고 있다.

오대산의 유적과 문화재

월정사

　대한불교 조계종 제4교구의 본사인 월정사는 강원도 평창군 진부면 동산리 오대산 동쪽 계곡의 울창한 수림 속에 자리잡고 있다. 신라 선덕왕 때에 자장 율사에 의해 창건된 것은 분명하나 창건 연대에 대해서는 현재 선덕왕 12년(643)이라는 설과 선덕왕 14년(645)이라는 설 두 가지가 있다.[6)]

　오대산에 문수보살이 상주한다고 믿었던 자장은 이곳에 임시로 모옥을 짓고 머물면서 진신을 친견하고자 하였다. 하지만 음산한 날씨가 3일 동안 계속되어 뜻을 이루지 못하였다.[7)]

　그 후 자장이 머물던 지금의 월정사 자리에 유동보살의 화신이라 전하는 신효 거사와 범일 대사(凡日大師)의 제자 신의 두타가 암자를 짓고 살았다. 신의가 죽은 뒤로 오랫동안 황폐한 채로 남아 있던 월정사는 수다사(水多寺, 진부면 수항리에 있었던 절로 현재는 절터만 남아 있다)의 장로 유연이 새로 암자를 짓고 살면서 비로소 절로서의 격을 갖추게 되었다.

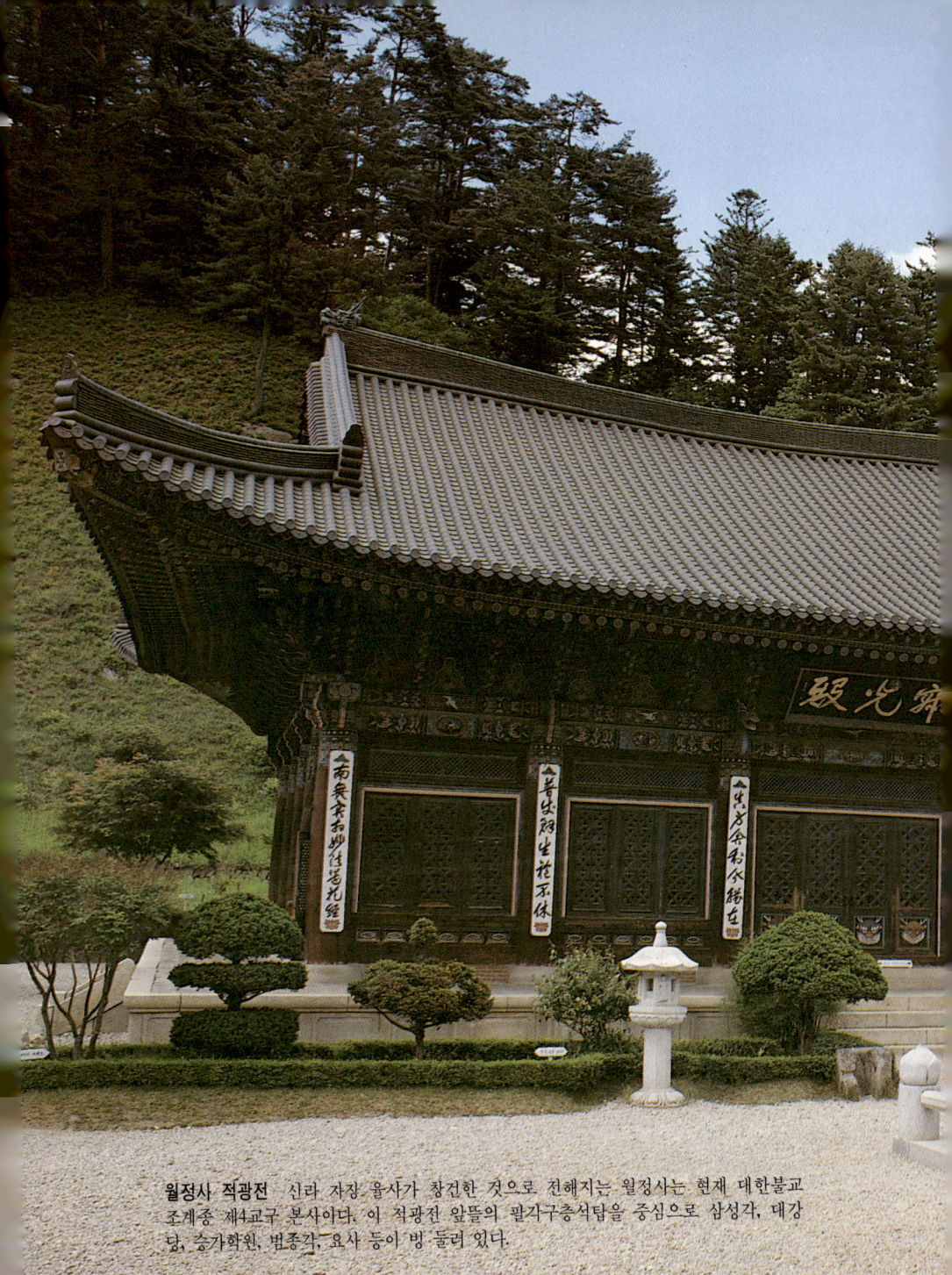

월정사 적광전 신라 자장 율사가 창건한 것으로 전해지는 월정사는 현재 대한불교 조계종 제4교구 본사이다. 이 적광전 앞뜰의 팔각구층석탑을 중심으로 삼성각, 대강 당, 승가학원, 범종각, 요사 등이 빙 둘러 있다.

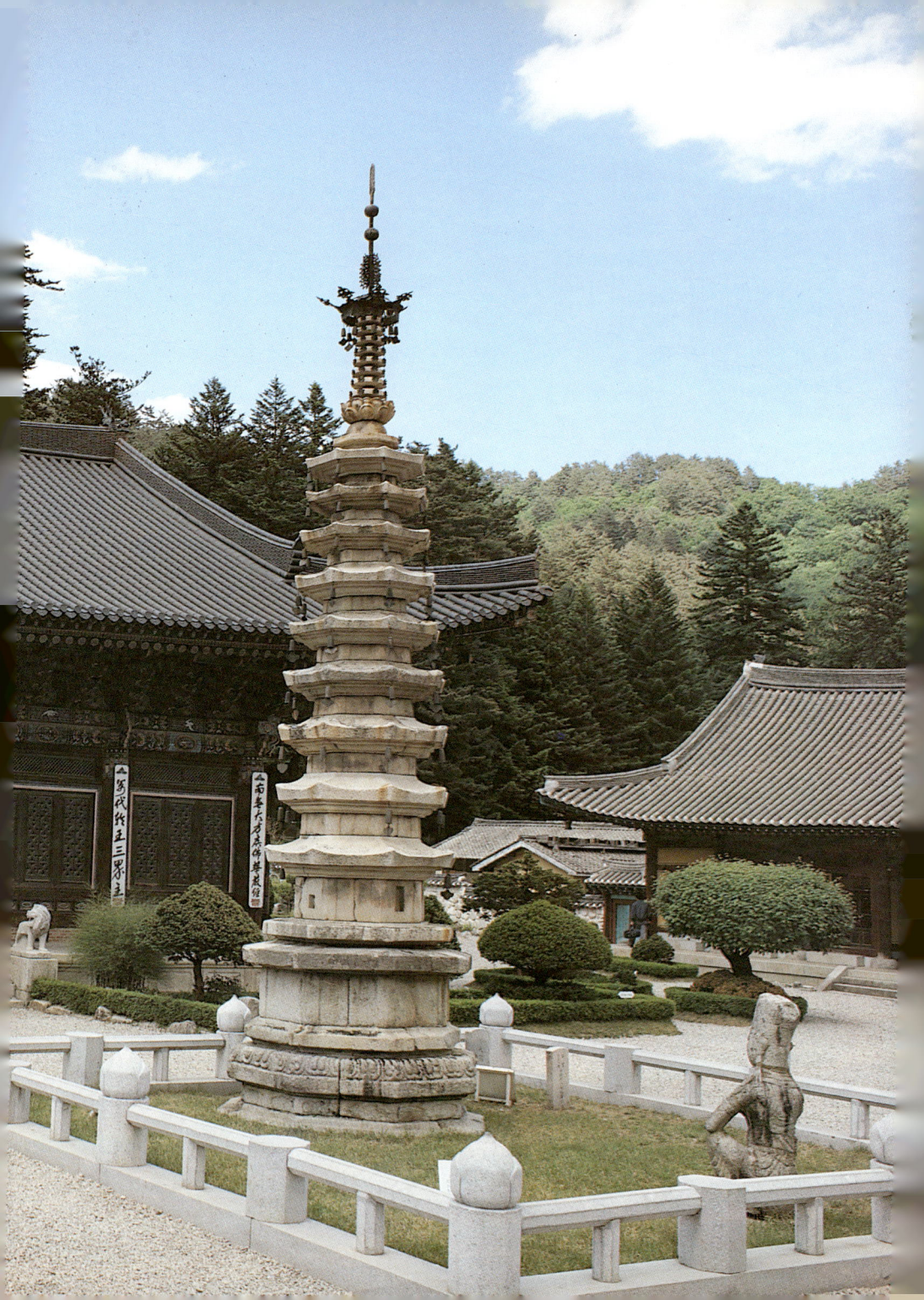

월정사는 금당(金堂) 뒤쪽이 바로 산인 특수한 산지 가람의 형태를 취하고 있다. 금당 앞에 탑이 있고 그 옆에 강당 등의 건물이 세워져 있는데 이는 남북자오선(南北子午線) 위에 일직선으로 중문(中門), 탑, 금당, 강당(講堂) 등을 세운 신라시대의 일반적인 가람 배치와는 다른 것이다.

고려시대의 월정사 관련 사료들이 전하지 않아 이때의 일을 상세히 알 수 없다. 하지만 경내에 있는 석조 보살 좌상과 팔각구층 석탑이 고려시대에 만들어진 것으로 미루어 이때에도 큰 불사가 있었던 것만은 확실하다.

조선시대에 들어와 월정사는 숙종(1684년), 영조(1752년), 순조(1832년), 헌종(1844년) 때에 중건되었다. 하지만 6·25의 참화로 인해 칠불보전(七佛寶殿)을 비롯한 영산전(靈山殿), 광응전(光應殿), 진영각(眞影閣) 등 10여 동의 건물이 전소되었고 소장 문화재와 사료들도 모두 소실되고 말았다.

현재의 월정사 당우들은 전쟁으로 훼손된 그 터에 새로 건립된 것으로 처음 세워진 건물은 승방인 동별당(東別堂)이었다. 1960년대 중반 탄허가 법당인 적광전(寂光殿)을 세웠으며 이후 만화(萬和)가 꾸준히 중건하였다. 이 밖의 건물로는 서별당, 보장각, 삼성각, 진영각, 천왕문, 범종각, 일주문 등이 있으며 1993년에 지장전(地藏殿)이 건립되었다.

금당인 적광전은 정면 5칸, 측면 4칸으로 남향의 매우 큰 건물이다. 안에는 석굴암 본존불과 같은 형식의 석불이 봉안되어 있는데 본존불만 모시고 협시불을 모시지 않은 게 특이하다. 또한 일반적으로 적광전에는 비로자나불을 모시는 데 반하여 이곳에서는 석굴암 불상의 형태를 그대로 따랐다.

보장각(寶藏閣)은 월정사의 유물을 모아 놓은 전시실이다. 『금강경』세 권을 비롯한 각종 경전과 관음보살변상도(觀音菩薩變相圖) 등의 불화 그리고 향합, 향낭, 구리 거울 등 많은 불구(佛具)들이 소장되어 있다. 이들 가운데 일부는 1970년 팔각구층석탑을 해체할 때에 나온 것이다.

월정사 소장 문화재로는 팔각구층석탑(국보 48호)과 석조 보살좌상(보물 139호), 오대산 상원사 중창 권선문(보물 140호) 그리고 지방유형문화재 53호인 금동 육수관음상 등이 있다. 상원사로 향하는 길에서 5백 미터 떨어진 지점에는 부도밭이 있는데, 간혹 원탑형(圓塔型)의 부도도 보이나 20여 기 대부분이 석종형(石鍾型)이다. 부도밭의 울창한 숲 사이에 위치하고 있어 독특한 분위기를 자아낸다.

근세에 월정사가 배출한 고승으로는 한암과 그의 제자 탄허가 있으며 시인 조지훈(趙芝薰)도 1940년대 초에 이곳에서 머문 적이 있다.

한편 월정사라는 명칭의 유래에 대해서는 의견이 분분하다. 한국불교연구원이 발행한 『월정사』에는 이렇게 밝히고 있다.

사승(寺僧)의 말에 의하면 오대산 동대에 해당하는 만월산 아래 세운 수정암이 훗날 월정사가 되었을 것이다. 월정사의 '月'과 만월산의 '月'을 연관시킨 이러한 견해는 주목할 만하다. 그러나 『동국여지승람』「강릉불우(佛宇)」 조에는 월정사와 수정암이 별개의 사찰로 기록되어 있어 사승의 이 같은 이야기에 문제가 없는 것은 아니다. 그렇다고 이 월정사 사명(寺名)의 유래를 밝힐 수 있는 자료가 있는 것도 아니다. 아무래도 사승의 얘기대로 만월산의 '월(月)'과 수정암의 '정(精)'을 관련지어 보는 것은 흥미로운 일이라고 생각된다.

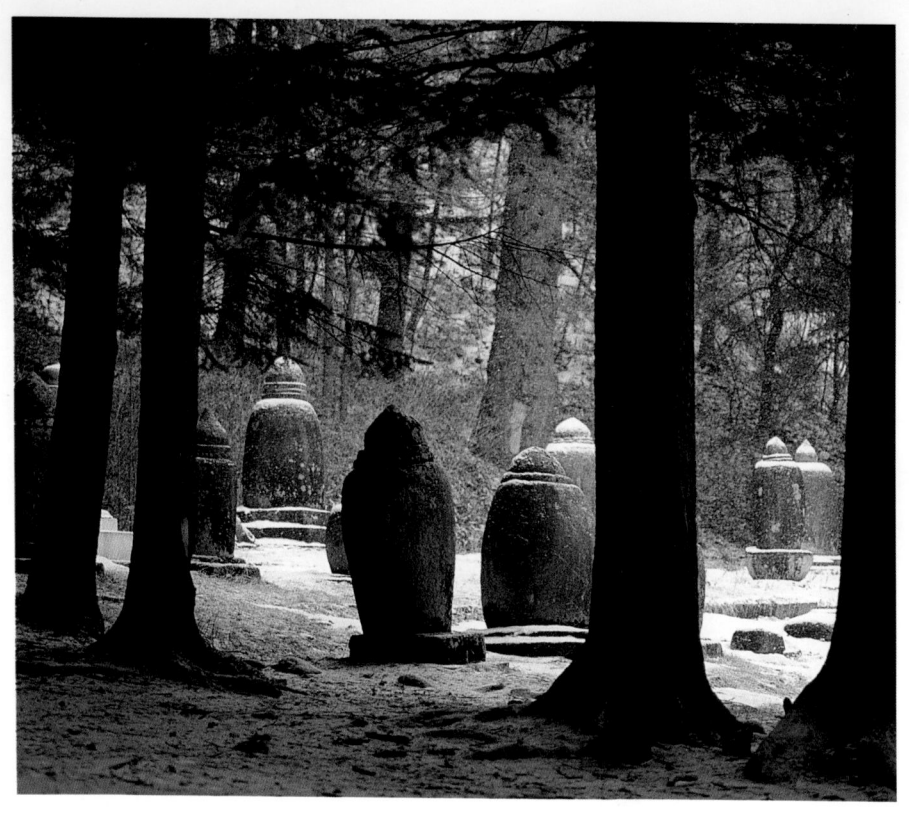

월정사 부도밭과 전나무 숲 울창한 전나무 숲에 있는 부도들은 대부분 석종형이어서 고려 말 이후 조선시대 고승들의 사리탑임을 알 수 있다. 그러나 같은 모양이라도 크기는 물론 부도 외곽을 장식한 문양들이 모두 조금씩 다르다.

　월정사가 들어서 있는 자리가 달의 형국을 이루고 있기 때문이라는 설도 있으나 월정사 주지 현해는 동대 만월산의 정기(精氣)가 모인 곳에 자리잡고 있기 때문에 월정사라 이름지었다고 설명한다. 아무튼 지혜의 상징인 문수보살과 후덕하고 온유한 오대산의 산세 그리고 밤하늘을 환하게 비추는 보름달은 그 본질에 있어 서로 상통하는 바가 있기도 하다. 월정사 앞으로 금강연(金剛

淵)이 흐른다. 도로가 개설되면서 일부 훼손되기도 했으나 뛰어난 경관을 가진 곳이다. 이곳에는 수온이 낮은 곳에서만 서식하는 냉수성 어류인 열목어(熱目魚)가 서식한다. 천연기념물로 지정된 이 물고기를 이곳 주민들은 '연메기'라 부른다.

팔각구층석탑

적광전 바로 앞에 있는 높이 15.2미터의 석탑이다. 탑 전체의 균형과 그 조형 기법이 뛰어나 현재 국보 48호로 지정되어 있다. 간혹 신라시대에 세워졌다는 주장도 있으나 학계에서는 고려시대에 유행하던 다각다층석탑(多角多層石塔)의 대표 격으로서 고려 초기의 작품으로 보고 있다.

이 탑은 상륜부(上輪部)의 장식을 제외하고는 전체가 화강암으로 건조되었으며 여러 차례의 화재로 각 부재가 심한 손상을 입었으나 원래의 형태를 그대로 간직하고 있다.

기단은 이중으로 조성되었으며 기단부는 4매로 결구된 지대석(地臺石) 위에 놓여 있다. 하층 기단은 상층에 비해 낮고 그 면석(面石) 각 면에는 2구(軀)씩의 안상(眼象)이 음각되어 있다. 또한 갑석(甲石) 역시 4매석으로 짜여져 있는데 그 위에는 연화문(蓮華紋)이 조각되었다. 상층 기단 면석에는 양쪽에 우주형(隅柱形) 기둥을 모각(模刻)하여 목조 건축 양식의 전형을 보이고 있다.

탑신부는 위로 올라갈수록 서서히 좁아지나 그 비례가 급격히 줄진 않고 2층 옥신(屋身)부터는 거의 같은 높이를 유지하고 있다. 각 층의 옥개석(屋蓋石)은 모두 같은 형식으로 동일한 형태를 이루고 있으며 추녀는 수평으로 전개되고 처마에 낙수홈이 음각되어 있다. 1, 2, 6, 9층의 옥개석 색깔이 다소 다른데 해체 수리 시에 새로 보수한 것으로 보인다.

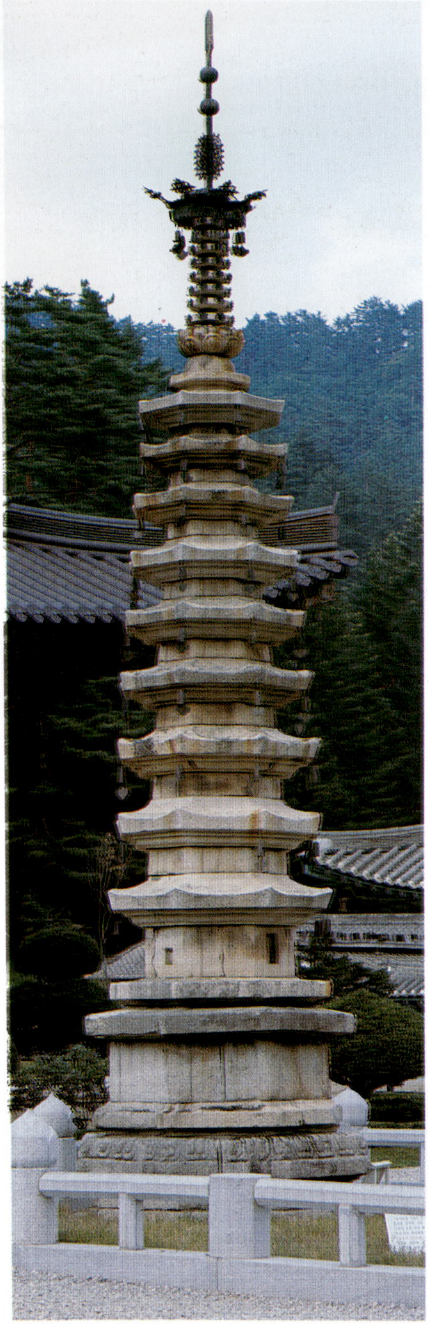

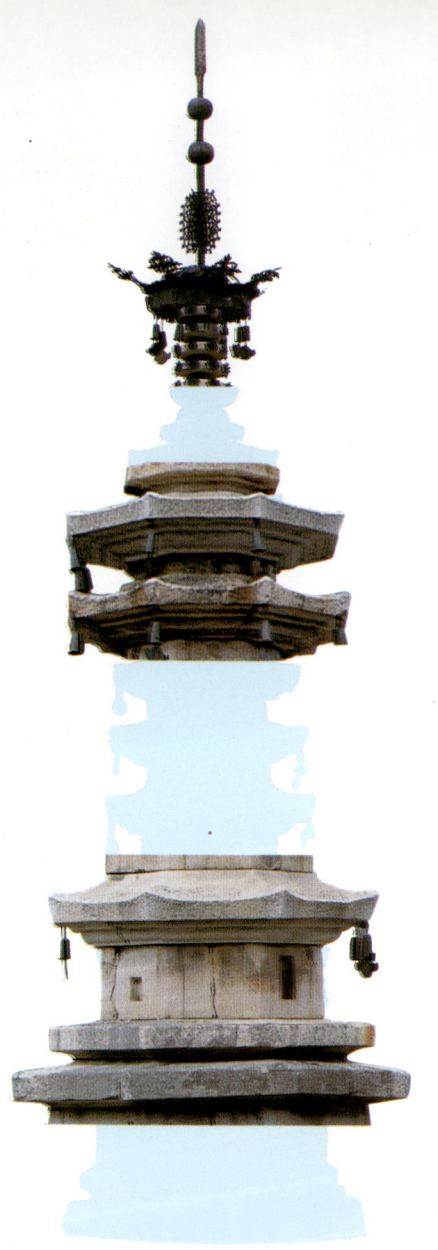

월정사 팔각구층석탑 화강암으로 축조된 이 탑은 상
륜부의 화려한 금동 장식과 위로 올라갈수록 서서히
좁아지는 비례, 이중으로 조성된 기단 등이 아름다운
조화를 이룬 우수한 석탑으로 평가 받고 있다. 국보
48호로 지정되어 있다.

상륜부(上輪部)에는 노반(露盤), 복발(覆鉢), 앙화(仰花), 보륜(寶輪)까지만 돌로 만들었고 그 이상은 금동으로 보개(寶蓋), 수연(水煙), 보주(寶柱) 등을 나타내었는데 상태가 완전한 편이다. 특히 보륜은 금동제의 팔엽화(八葉花)를 달아 화려하게 장식했다.

1970년 10월 전면적인 해체 보수를 할 당시 1층 옥신석과 5층 옥개석에서 많은 사리 장엄구(舍利莊嚴具)가 발견되었다. 이들 대부분이 월정사 경내의 보장각에 보관되어 있다.

석조 보살 좌상

보물 139호로 지정된 보살상으로 월정사 경내 팔각구층석탑 앞에 세워져 있다. 전체 높이는 1.8미터이며 탑을 향하여 왼쪽 무릎을 세우고 앉아 있는 공양상이다.

연화문이 조각된 좌대 위에 앉아 있는 이 보살상은 고려시대 작품으로 11세기 초에 제작되었을 것으로 추정된다. 『조선불교통사』에 이 불상이 절의 남쪽 금강연에서 나온 약왕보살 석상(藥王菩薩石像)이란 기록이 있지만 아직까지 정확히 밝혀진 것은 없다.

원통형의 높은 관을 머리에 쓴 이 불상의 체구는 가늘고 긴 편이다. 가슴은 양감을 잃어 빈약하며 상체에는 얇은 천의(天衣)를 걸쳤다. 장방형의 얼굴에 미소를 나타내려 하였으나 입술이 두드러져 효과를 거두지 못했고 뺨과 턱이 유난히 살쪄 있으며 얼굴 길이에 비해 인중과 코가 짧고 이마가 좁아 조형적인 균형을 이루지 못했다.

전체적으로 볼 때에도 머리 부분만 강조되고 하체가 빈약하여 신체상의 비례가 맞지 않는 편이다. 하지만 이 같은 조형상의 불균형에도 불구하고 미소를 함빡 머금은 듯한 보살상의 표정을 보러 일부러 월정사를 찾는 사람들도 많다.

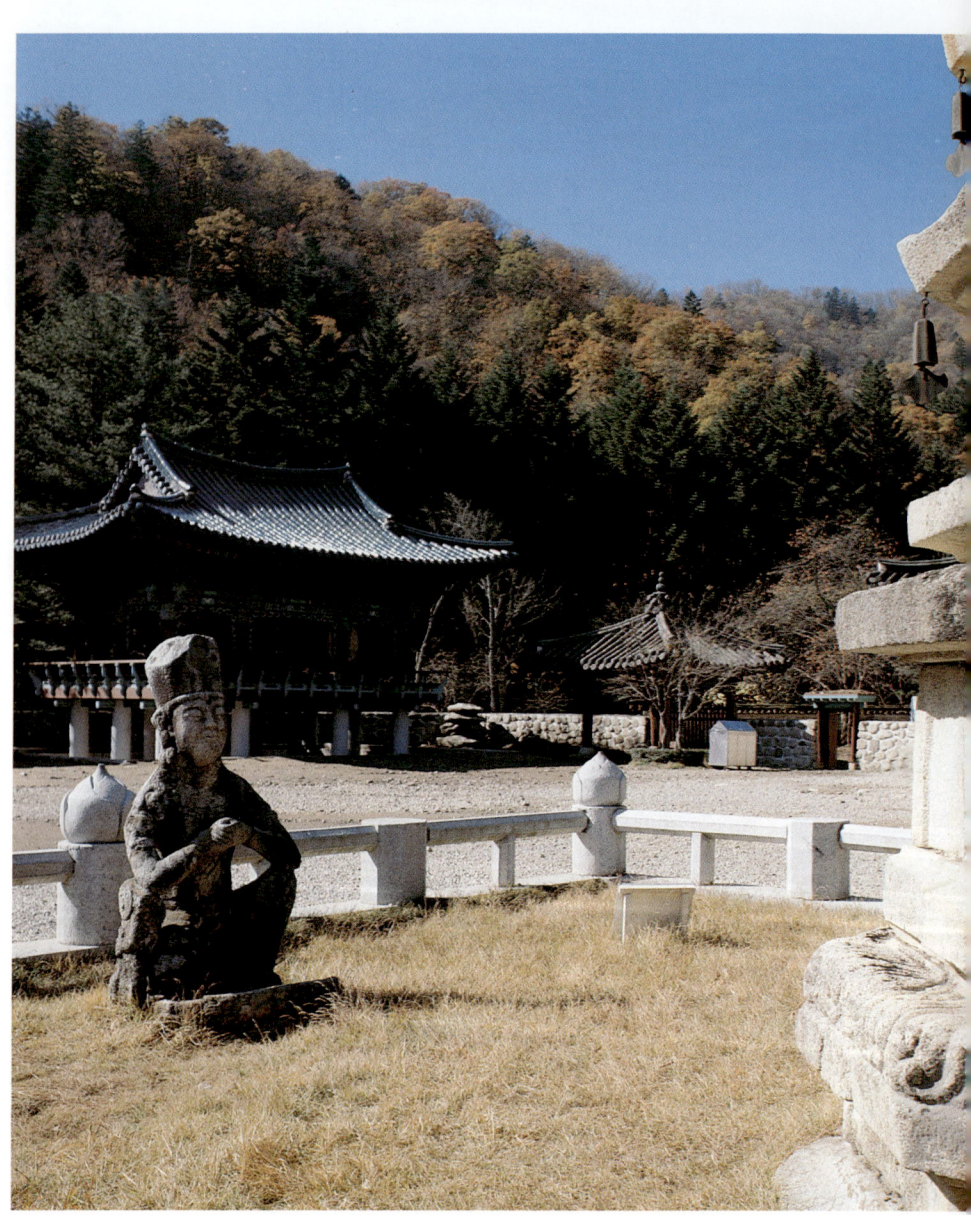

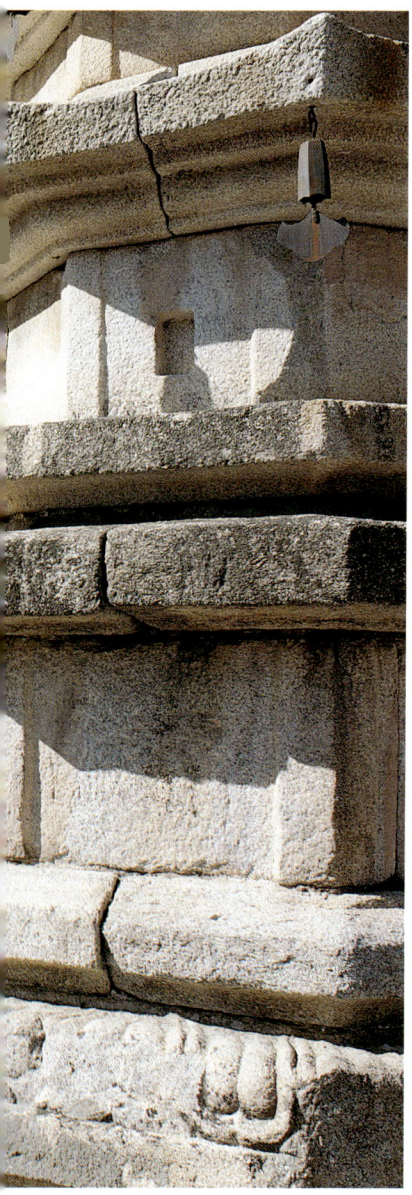

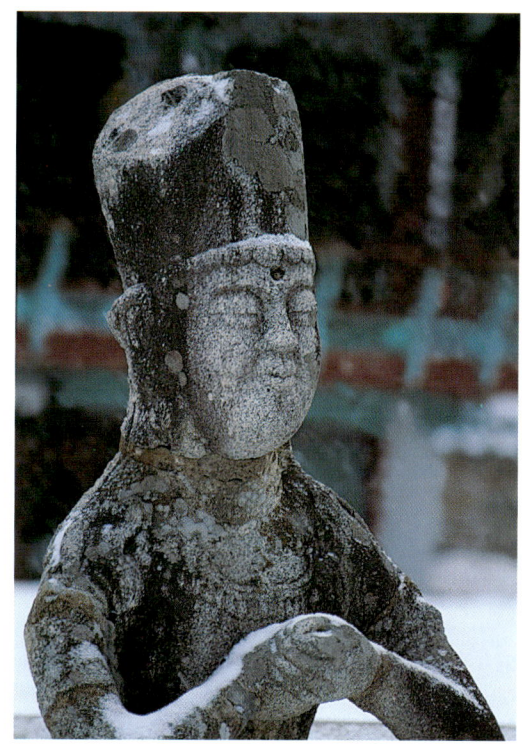

석조 보살 좌상 적광전 앞의 팔각구층석탑을 향해 무엇인가를 들고 정중하게 공양하는 자세로 오른쪽 무릎을 꿇고 있다(왼쪽). 이 석조 보살 좌상은 턱이 길고 둥글며 눈두덩이가 두껍고 입가에는 살짝 미소를 짓고 있어 복스럽게 느껴진다. 팔각구층석탑과 함께 고려 초기의 작품으로 추정되는데 강릉 한송사 석조 보살 좌상, 강릉 신복사 터 석조 보살 좌상과 함께 강원도 일대에서만 볼 수 있는 특이한 양식의 상이다.(위)

이 보살상은 그 자세나 기법에 있어 이곳에서 멀지 않은 강릉의 한송사 석조 보살 좌상(국보 124호)이나 신복사 터 석조 보살 좌상(보물 84호)과 비슷한 점이 많다. 당시 강릉을 중심으로 불상 조각의 독특한 한 유파가 있었음을 시사해 주는 석조 보살 좌상은 조각사적으로도 의의가 큰 작품이다.

오대산 상원사 중창 권선문

세조 10년(1464) 혜각 존자 신미가 왕을 위하여 상원사를 중수하려 하자 이를 전해 들은 세조가 쌀, 무명, 베, 채색(彩色) 등의 물자를 보내면서 그 취지를 밝힌 글로 보물 140호로 지정되었다.

신미는 본명이 수성(守省)으로 아버지는 옥구진(沃溝鎭)의 병사였던 김훈(金訓)이며 동생은 유생이면서도 숭불을 주장했던 김수온(金守溫)이다. 행장은 전하지 않지만 왕실과의 관계 속에서 행해진 불교 중흥의 기록들을 통해 그 행적을 알 수 있다. 대표적인 업적으로 불전의 국역과 유통을 위해 막중한 역할을 했던 것으로 보이는데 1464년 2월 28일 세조가 복천사로 행차하였을 때 사지(斯智), 학열(學悅), 학조(學祖) 등과 함께 대설법회를 열었다.

안의 권선문(勸善文)은 2첩으로 된 필사본으로 겉표지는 당초문(唐草紋)이 들어 있는 비단으로 만들어졌으며 각각 한문 원문과 한글 번역문이 적혀 있다. 원문에는 세조와 왕세자의 수결(手決)과 인장(印章) 등이 찍혀 있으며 번역문에는 세조와 왕비, 왕세자와 세자빈 그리고 궁인들의 인장과 옥새가 찍혀 있다.

이 권선문은 특히 훈민정음 제정 이래 가장 오래된 진적(眞蹟)으로서 조선조 초기 한글 서체 연구에 매우 중요할 뿐만 아니라 세조와 학승이었던 신미, 학열, 학조와의 관계 등도 살필 수 있어 한국 불교사 연구에도 귀중한 자료이다.

상원사

　상원사는 월정사에서 서북쪽으로 8.7킬로미터 떨어진 곳에 위치하고 있다. 적멸보궁을 거쳐 비로봉으로 향하는 길목에 자리잡고 있어 적멸보궁 참배객이나 등산객들은 반드시 이곳을 거치게 마련이다. 월정사의 말사(末寺)인 상원사는 선원(禪院)으로도 널리 알려져 있으며 사람의 왕래가 잦은 도로 가까이에 있으나 결코 산사의 숙연한 분위기를 잃지 않고 있다.

　상원사의 창건 시기에 대해서는 자장이 선덕왕 14년(645)에 세웠다는 설과 성덕왕 4년(705)에 보천과 효명 태자가 세웠다는 설 두 견해가 있다. 고려 때의 일을 전하는 기록은 모르고 고려 말인 우왕 3년(1377), 극도로 황폐하게 터만 남아 있던 것을 나옹 선사의 제자 영로암이 중창하였다고 한다.

　조선시대에 들어서서 태종과 세조의 원찰이 되는 등 척불 정책 속에 전국의 사찰이 황폐해졌지만 오히려 상원사는 더욱 발전하였다. 1466년 신미와 학열 등의 권유를 받은 세조는 상원사를 중창하였다. 이때 동서(東西) 불전(佛殿)을 비롯해 나한전(羅漢殿), 청련당(靑蓮堂), 재주실(齋廚室) 등이 지어졌다. 중창된 뒤에 세조는 친히 이 절을 직접 방문하였으며 예종 1년(1469)에는 세조가 상원사에 하사한 전답에 대해서 조세가 금해지기도 했다.

　이후 상원사는 여러 차례 중창을 거듭하다가 불행히도 1946년 화재로 그만 전소되고 말았다. 당시 월정사의 주지였던 이종욱(李鍾郁)이 그 이듬해에 금강산 마하연(摩訶衍)의 건물 모습을 본떠 청량선원을 지으면서 다시 중창되기 시작했다.

　6·25 전쟁으로 오대산에 있던 모든 사찰이 불길에 휩싸였다지만 상원사만큼은 한암의 뛰어난 기지로 참화를 피할 수 있었다.

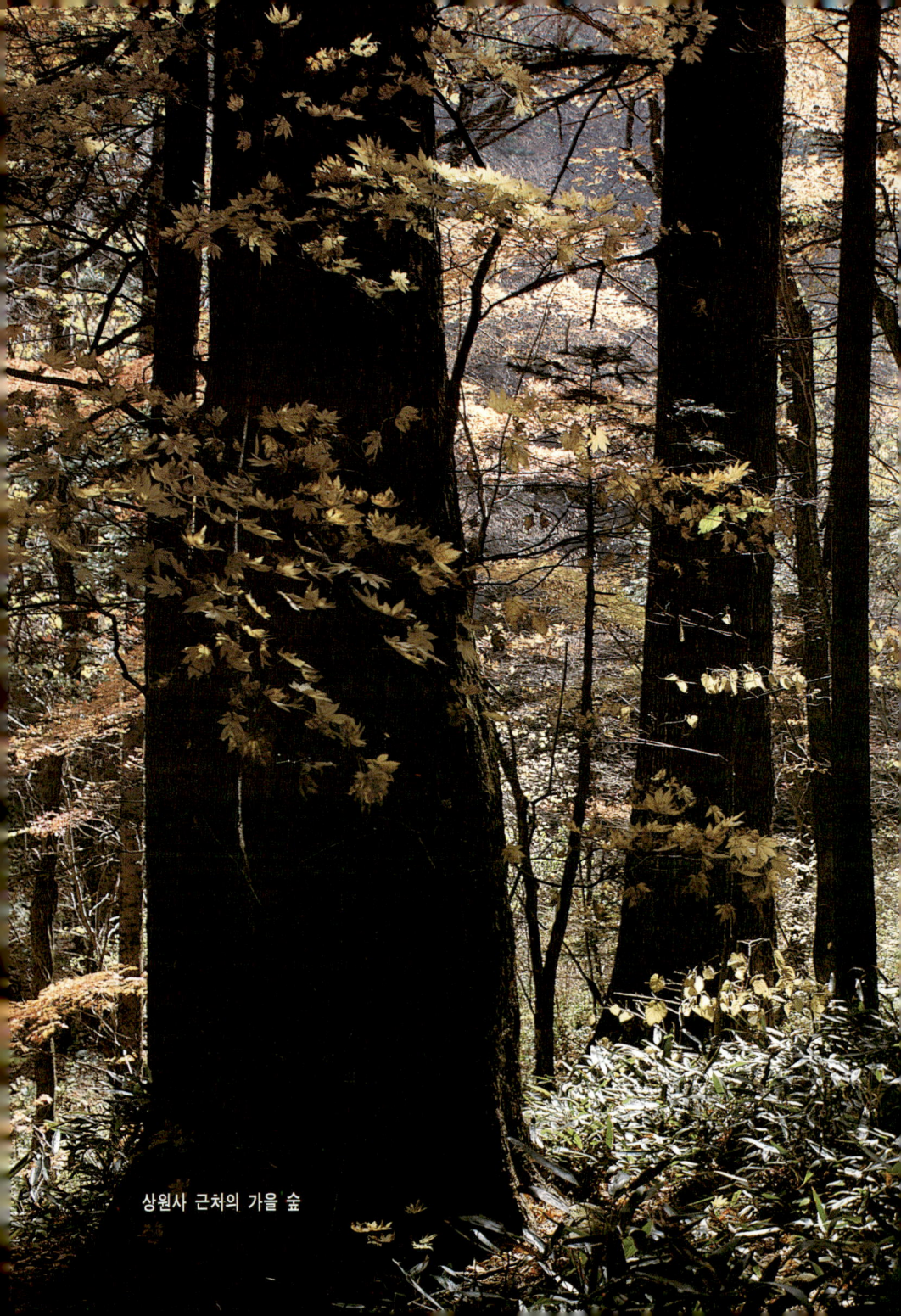

상원사 근처의 가을 숲

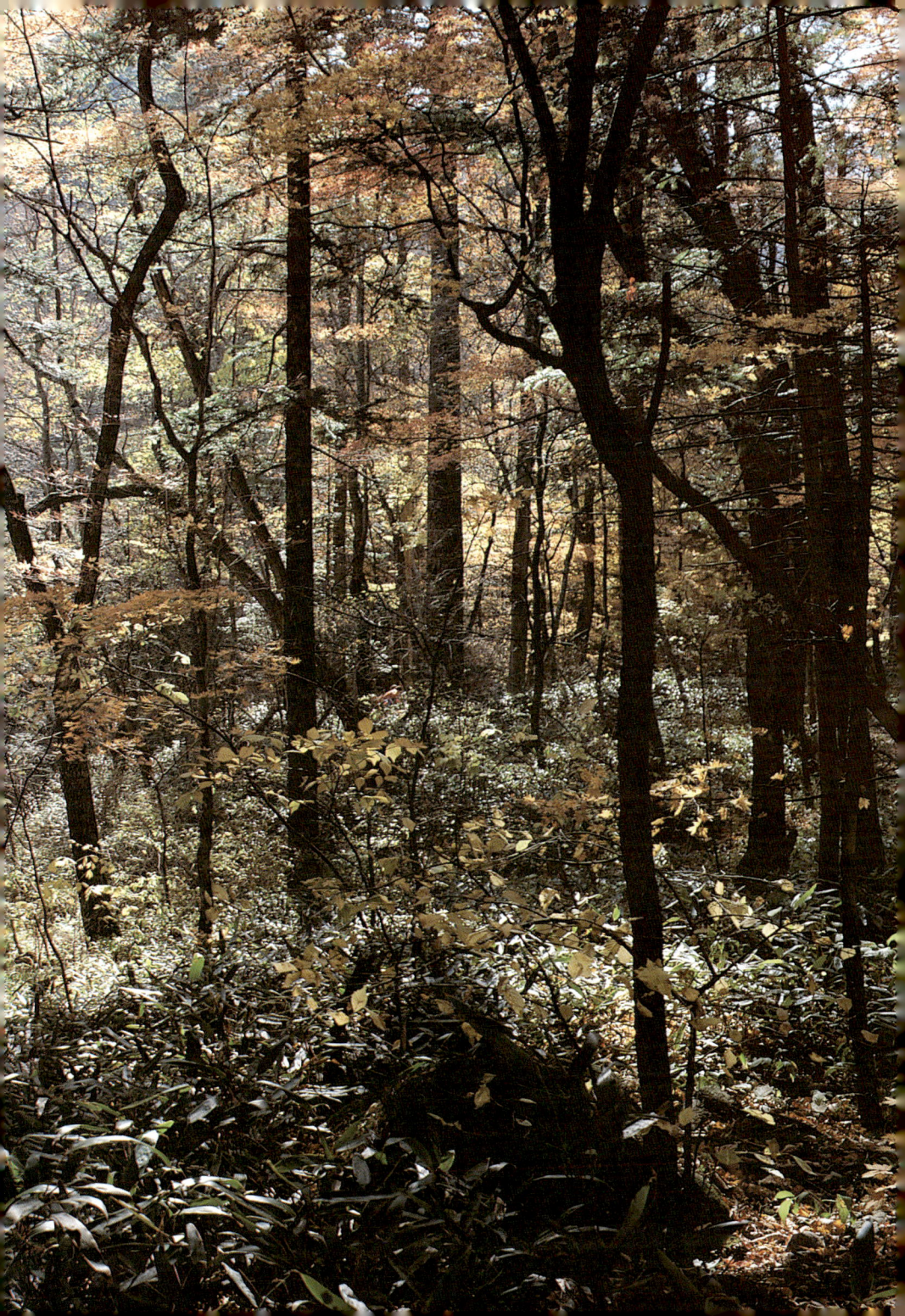

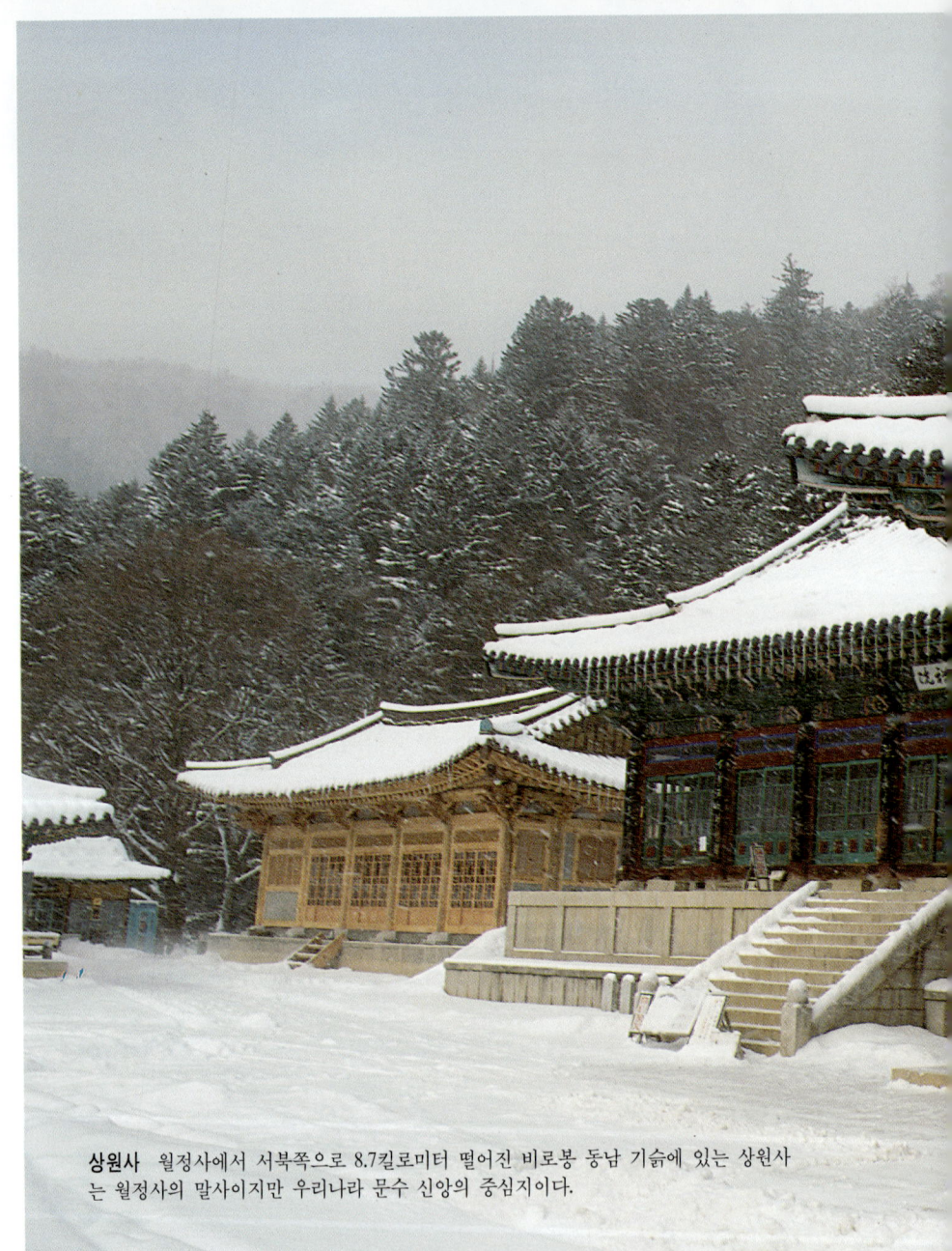

상원사 월정사에서 서북쪽으로 8.7킬로미터 떨어진 비로봉 동남 기슭에 있는 상원사는 월정사의 말사이지만 우리나라 문수 신앙의 중심지이다.

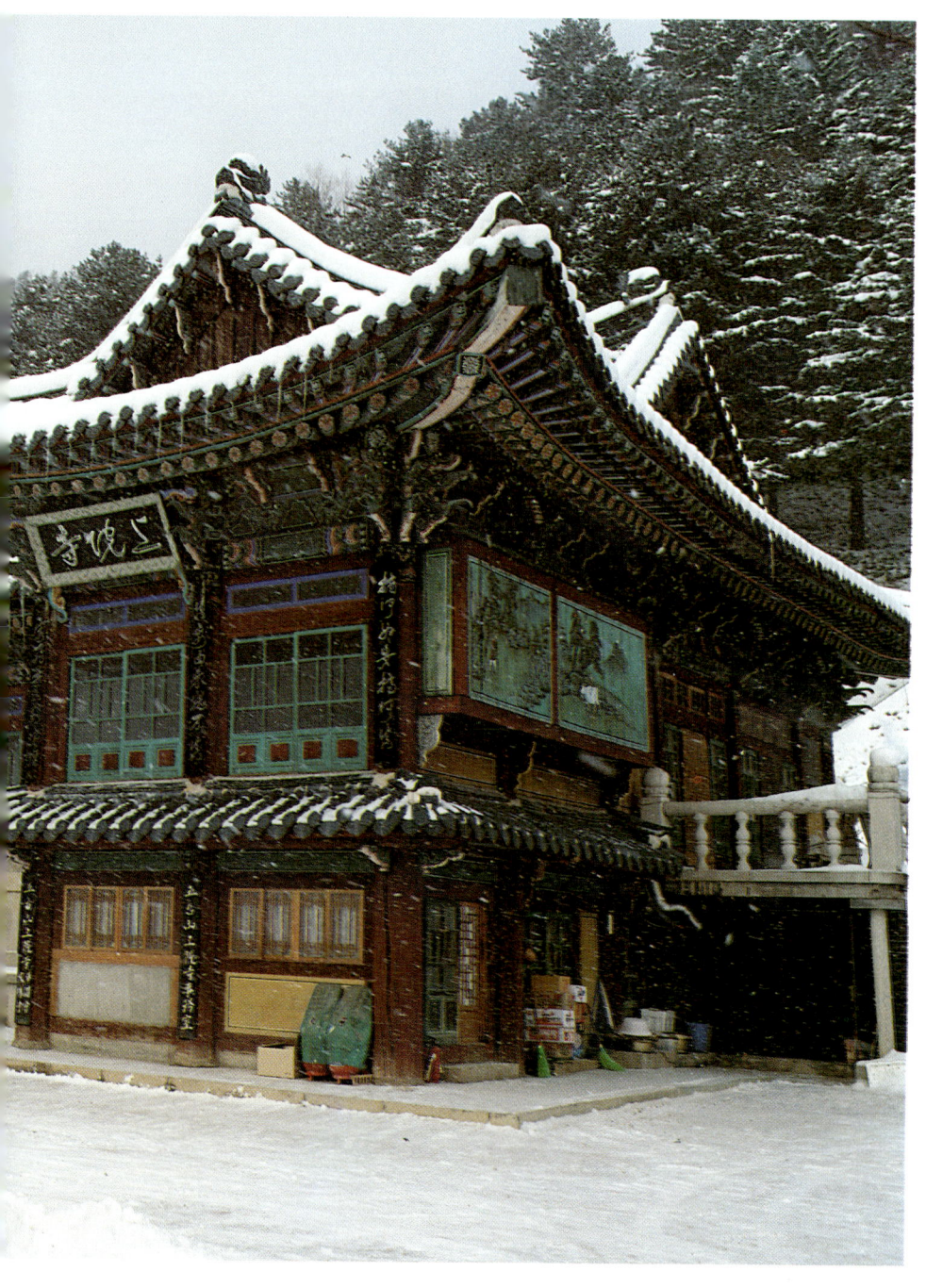

그 당시 상원사를 중심으로 한 이 일대는 인민군과 빨치산의 주요 활동 거점이었다. 이에 국군이 상원사를 비롯한 사찰들을 소각하며 소개(疏開) 작전을 펼치려고 했으나 당시 이 절에서 수행하던 한암이 모든 문짝을 떼내어 불살라 버리는 기지를 발휘해 온전히 보존할 수 있었던 것이다.

현재 상원사의 당우로는 ㄱ자형 건물인 청량선원을 비롯해서 영산전과 종각인 동정각(動靜閣)과 일원각(一源閣) 그리고 스님들의 거주처인 요사채 등이 있다.

청량선원은 1947년에 세워진 정면 8칸, 측면 4칸의 건물이다. 선원 안에는 목조 문수동자 좌상(국보 221호), 석가여래 좌상, 목조 문수보살 좌상, 3구의 소형 동자상, 서대에서 옮겨 온 대세지보살상 등이 봉안되어 있다. 청량선원이란 이름은 오대산을 청량산이라 부르는 데에서 유래한 것이다.

영산전은 정면 3칸, 측면 2칸의 맞배집으로 청량선원 뒤쪽에 위치하고 있다. 1946년 화재가 났을 때 유일하게 불길을 모면한 건물로 오대산 내에서 가장 오래된 당우이다. 석가삼존상과 16나한상을 봉안하였고 세조가 희사한 39함(函)의 「고려대장경」이 보관되어 있다. 이 장경은 원래 다섯 질을 인행(印行)하여 삼보(三寶) 사찰과 설악산의 오세암 그리고 상원사에 봉안하였는데 오세암의 장경은 현재 전해지지 않는다.

동정각과 일원각은 종각으로 각각 국보 36호로 지정된 상원사 동종과 그 모작품을 보관하고 있다. 그리고 청량선원 옆에는 너와 지붕을 한 독특한 모습의 소림학당(小林學堂)이 있었으나 1970년대 말에 화재가 일어나 전소되고 말았다.

상원사에 소장되어 있는 주요 문화재로 상원사 동종, 목조 문수동자 좌상, 목조 문수동자 좌상 복장 유물(보물 793호) 등이 있다.

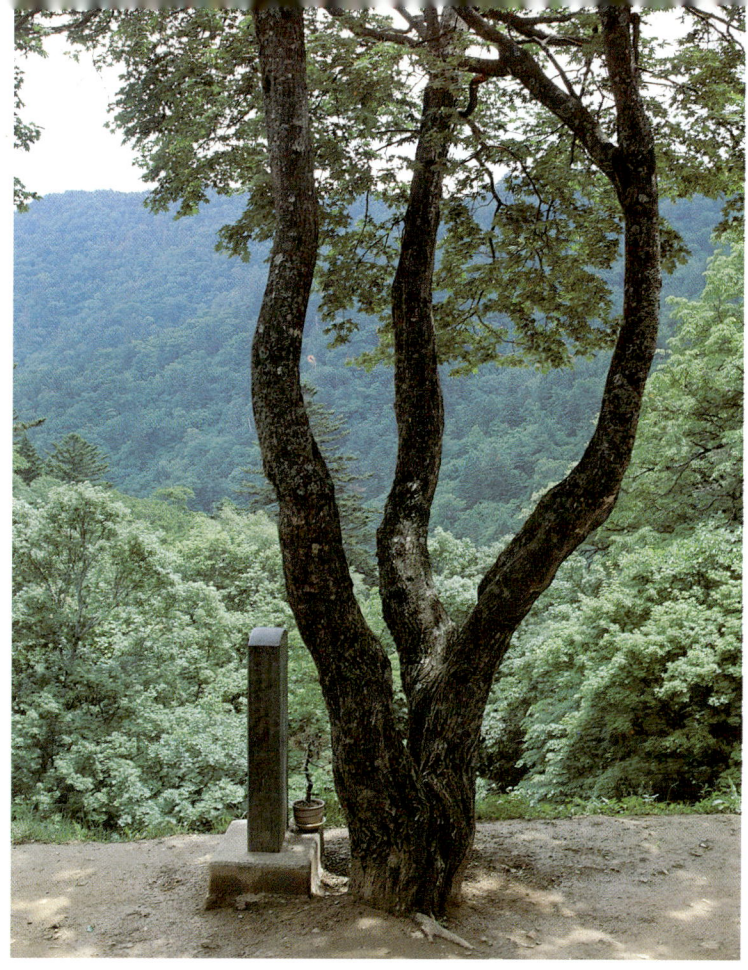

중대 사자암 한암 스님 단풍나무 1926년 한암 스님이 봉은사에서부터 짚고 온 지팡이를 꽂은 것이 살아나 자란 것이라 한다. 나무와 고승과의 관계는 마치 그 절의 법맥을 증명하는 것과도 같은데 부석사의 선비화와 의상 대사가 그 대표적인 예이다.

상원사 동종

한국 종의 가장 전형적인 특징을 갖추고 있을 뿐 아니라 조각수법이 정교하고 유려해 뛰어난 작품으로 평가 받고 있다. 현존하는 우리나라 동종 가운데 가장 오래 된 것으로 현재 국보 36호로 지정되어 있다. 높이는 167센티미터이며 입지름은 91센티미터이다.

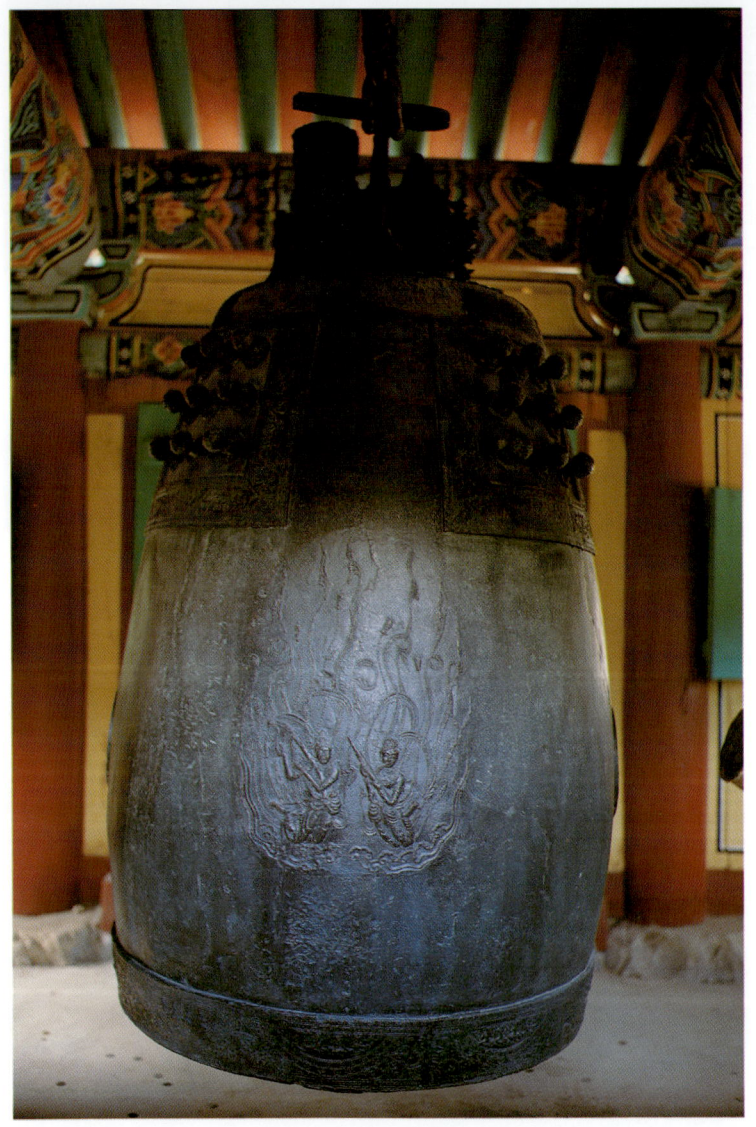

명문에 의하면 상원사 동종은 성덕왕 24년(725)에 만들어졌다. 하지만 조성 당시 어떤 목적으로 만들어졌으며 그 동안 어느 절에 보관되었는지는 알 수 없다.『영가지(永嘉誌)』에 따르면 안동 루문(安東樓門)에 걸려 있던 것을 예종 1년(1469)에 국명(國命)에 의해 지금의 위치로 옮겼다고 한다. 그렇다면 성덕왕 때에 주조된 이 종은 7백여 년 뒤에 바로 그 왕이 직접 창건한 절을 찾아온 셈인데 불가에서 말하는 어떤 깊은 인연을 느끼게 한다.

이 종에서 특히 눈에 띄는 것은 주악비천상(奏樂飛天像)이다. 종신에는 서로 마주보는 두 곳에 구름을 타고 하늘을 날면서 무릎을 세우고 공후(空喉)와 생(笙)을 연주하는 비천상이 양각되어 있다. 그리고 그 사이의 서로 마주보는 곳에 자방(子房)을 중심으로 8판 연화(八瓣蓮華)와 바깥 원의 안팎에 연주문을 돌렸으며

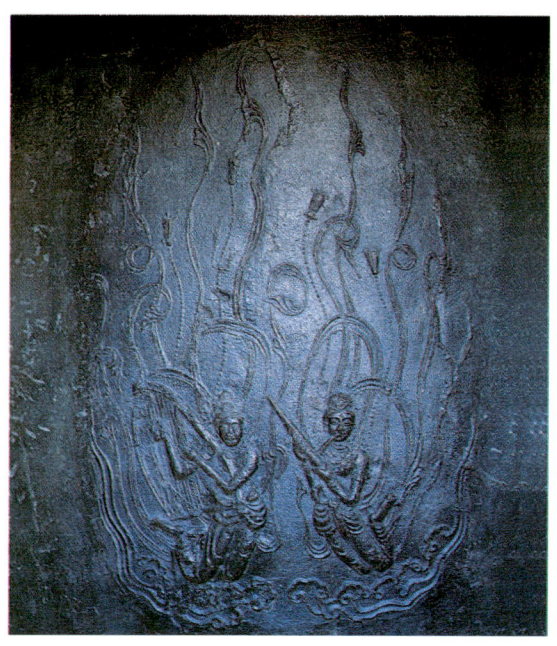

상원사 동종과 비천상 현존하는 우리나라 동종 가운데 가장 오래된 것이다. 조각 장식이 뛰어날 뿐만 아니라 소리 또한 매우 아름답다(옆면). 종 몸체에 양각된 비천상은 흐르는 듯한 구름 무늬나 위로 치솟아 흩날리는 천의 자락의 표현이 생동감 넘쳐, 이 시대 불교 미술의 진수를 보여 주는 듯하다.(왼쪽)

그 안에는 당초문을 조각한 당좌(撞座)가 있다. 또 용뉴를 중심으로 하여 좌우에 글씨가 음각되어 제작 연대를 명확히 알 수 있을 뿐 아니라 당시의 이두문 사용과 종을 제작하는 데 참여했던 승려들, 관리의 관직 등을 알 수 있는 귀중한 자료가 되고 있다. 현재는 구연부 일부에 작은 균열이 생겨 모작품을 만들어 타종하고 있다.

목조 문수동자 좌상

오대산이 문수보살의 주처임을 상징하는 하나의 표상으로서 상원사에서 가장 중요시하는 예불 대상이다. 이 문수동자상은 세조가 직접 보았다는 문수동자의 진상(眞像)을 조각한 것이라 전해진다. 1466년 왕실에서 조성한 수준 높은 목조상으로 현재 국보 221호로 지정되어 있으며 크기는 98센티미터이다.

문수동자 좌상의 정확한 조성 연대가 밝혀진 것은 최근이다. 이 상 안에서 발견된 복장 유물 가운데 발원문(發願文)이 들어 있었는데, 1466년 세조의 딸인 의숙 공주(懿淑公主) 부부가 오대산 문수사에 이 문수동자상을 봉안한다고 적혀 있었던 것이다.

이 동자상은 양쪽으로 묶은 동자머리 말고는 그 자세나 수인(手印), 착의법(着衣法) 등이 여느 불상과 다름없다. 하지만 비록 동자상이라고는 하지만 앉아 있는 자세가 의젓하며 위엄이 있어 보인다.

천진스러운 미소, 온화하고 양감 있는 얼굴, 부드럽고 굴곡진 허리, 균형 잡힌 안정된 신체, 왼쪽 어깨에서 오른쪽 겨드랑이로 비스듬히 묶은 천의, 신체의 윤곽에 따라 자연스럽게 형성된 부드러운 옷의 주름선. 이 같은 특징을 가진 동자상은 조선시대의 불상 조성 양식을 살필 수 있는 대표적인 작품으로 평가되고 있다.

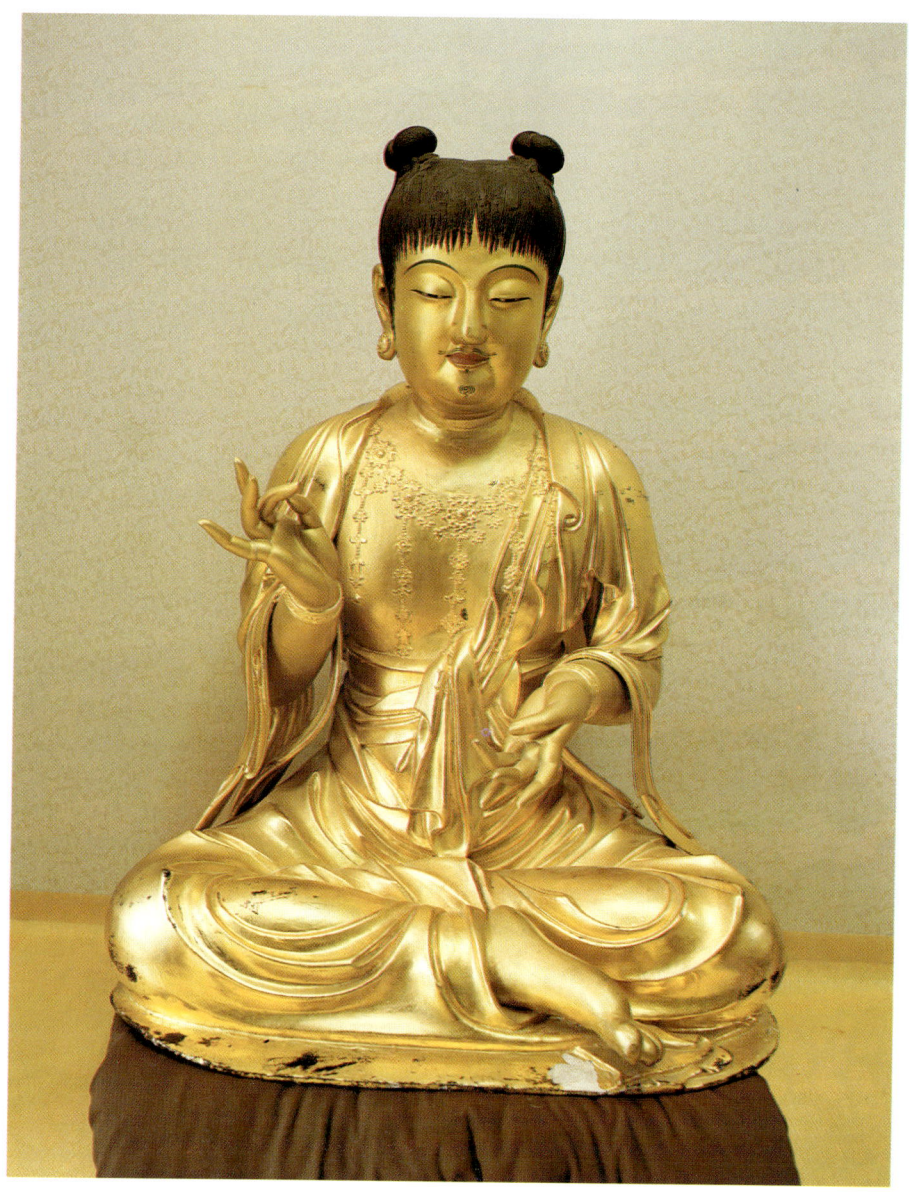

문수동자상 세조가 직접 보았다는 문수동자의 모습을 조각한 목조 좌상으로 1466년
제작되었다. 전체 높이는 98센티미터이며 국보 221호로 지정되어 있다.

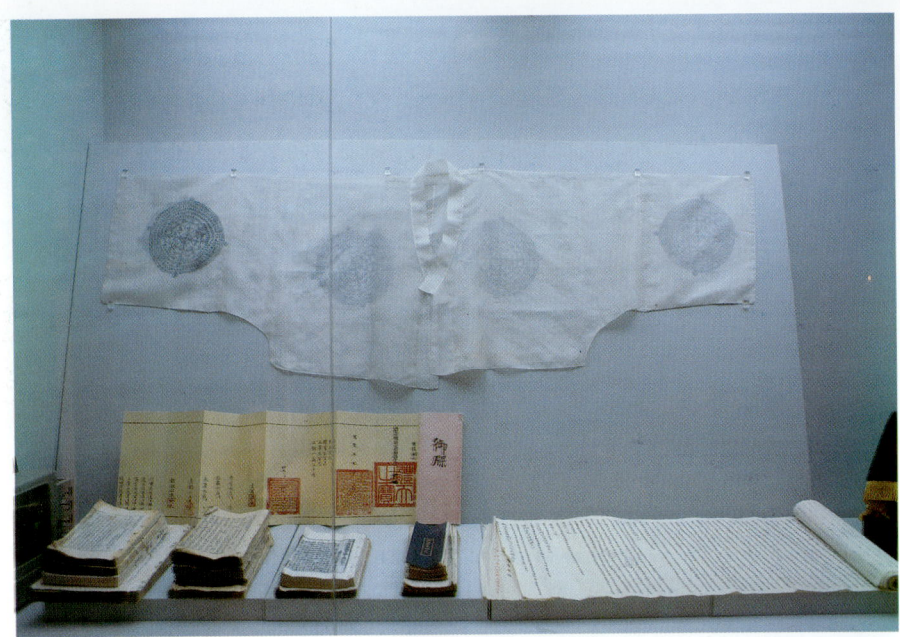

문수동자상 복장 유물 1984년 목조 문
수동자상 복장에서 발견된 유물로 보
물 793호로 일괄 지정되어 있다. 벽에
걸린 것은 세조가 입었던 저고리로 보
이며 이 밖에 『묘법연화경』『대방광불
화엄경』 등의 불교 경전과 문수동자상
발원문 등 23종이 전시되어 있다(위).
오른쪽은 역시 함께 발견된 것으로 사
리가 담겨져 있는 금동제 사리함이다.

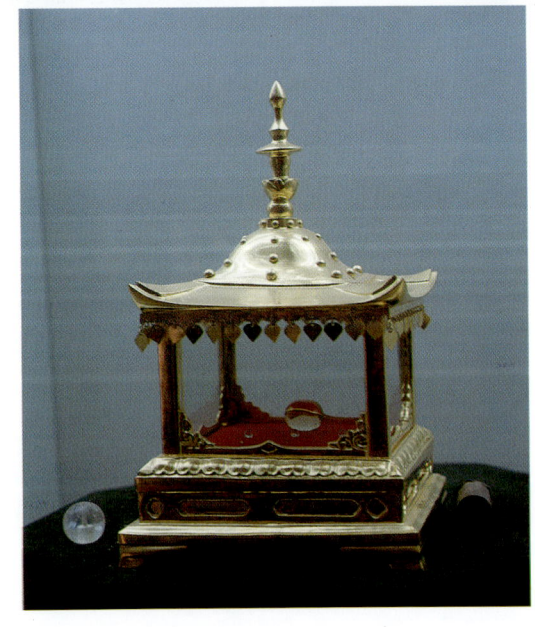

목조 문수동자 좌상 복장 유물

1984년 7월 상원사 목조 문수동자 좌상에서 발견된 23종의 유물로 현재 보물 793호로 일괄 지정되었다. 23종 가운데에는 문수동자 좌상의 조성 발원문을 비롯해 『대방광불화엄경』, 『묘법연화경』 등의 불경과 금동제 사리함 등이 들어 있다.

이 밖에도 상원사에는 지방유형문화재 53호로 지정된 목조 문수보살 좌상과 일명 동진보살(童眞菩薩)이라 부르는 신중상(神衆像) 등이 봉안되어 있다. 그리고 청량선원 앞에는 세조의 목숨을 구했다는 고양이 석상 2기가 세워져 있다.

영산전 앞에는 화강암 석재를 쌓아 올린 폐탑이 하나 있다. 흔히 상원사 고탑(古塔)이라 부르는데 상원사측 설명에 따르면 계곡 아래의 절터에서 옮겨온 것이라 한다. 조성 연대가 확인되지 않고 또 전체적인 원형이 손상되었으나 섬세한 삼존불 조각 수법이 뛰어난 편이다. 그리고 상원사와 상원사 입구 관대걸이 사이에는 한암과 탄허의 부도와 탑비가 세워져 있다.

적멸보궁과 5대

적멸보궁

우리나라 5대 적멸보궁 가운데서도 대표적인 곳으로 부처의 정골사리가 봉안되어 있다. 이곳 외에 적멸보궁은 경남 양산의 통도사, 강원 인제의 봉정암, 영월의 법흥사, 정선의 정암사에 있다.

이 가운데 정암사의 적멸보궁을 제외하고는 모두 신라시대에 자장이 당나라에서 귀국할 때 가져온 부처의 정골과 불사리를 직접 봉안한 것이다.

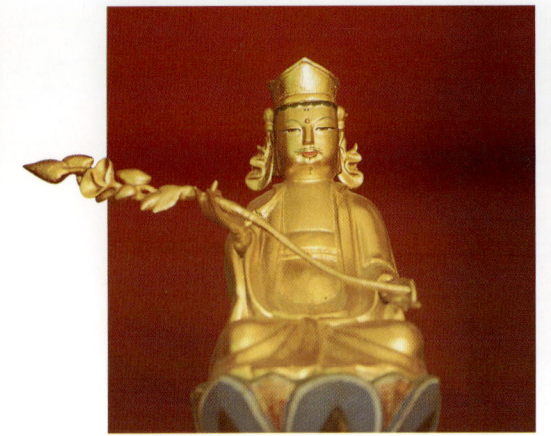

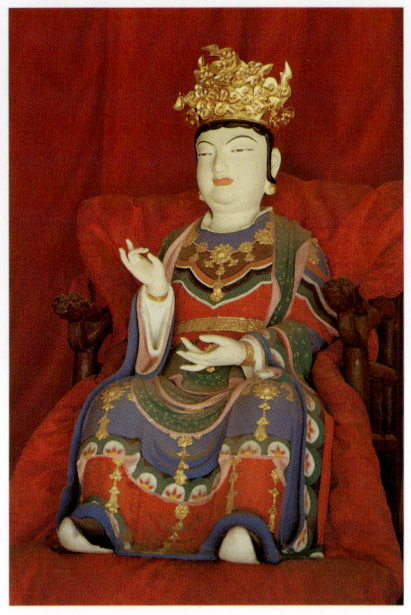

대세지보살상 목조의 이 상은 서대 수정암에서 청량선원으로 옮겨 모신 것이다. 크지는 않지만 단아한 자태를 보인다.(위 왼쪽)

동진보살상 상원사에 모셔진 이 상은 화려한 보관과 정제된 영락을 걸친 모습이다. 85센티미터 크기의 의좌로 신중상이지만 조선시대 목조 불상의 면모를 유감없이 보여 주는 작품이다.(위 오른쪽)

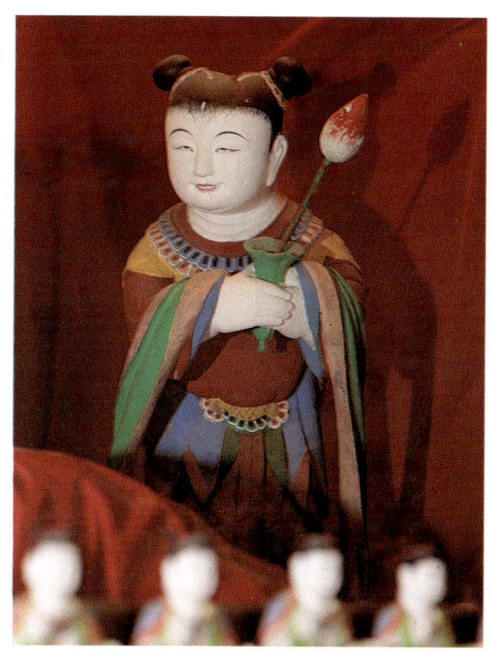

동자상 상원사는 문수동자 전설이 전할 정도로 동자상과 인연이 깊다. 불상의 협시로 배치되는 동자상은 그 크기가 작기 마련이지만 상원사에서는 쌍상투를 틀고 연봉을 쥔 전형적인 동자상과 해수관음도에 보이는 남순동자의 모습 등 다양한 유형을 보인다.(왼쪽,아래)

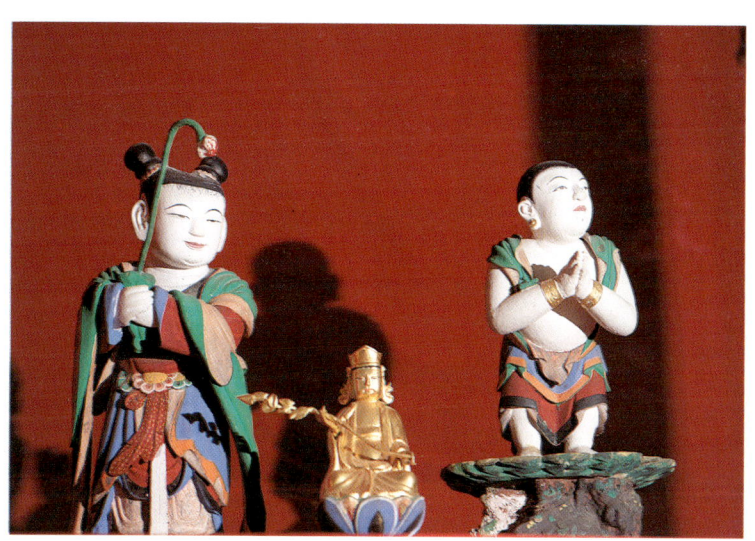

정암사의 것은 임진왜란 때 왜적의 노략질을 피해서 사명 대사가 통도사의 것을 나누어 봉안한 것이다.

다른 적멸보궁의 경우는 사리를 안치한 장소가 분명하지만 오대산의 적멸보궁은 어느 곳에 불사리가 안치되어 있는지 그 정확한 장소가 알려지지 않아 신비감을 더해 주고 있다.[4]

적멸보궁 건물은 정면 3칸, 측면 2칸이며 지방유형문화재 28호

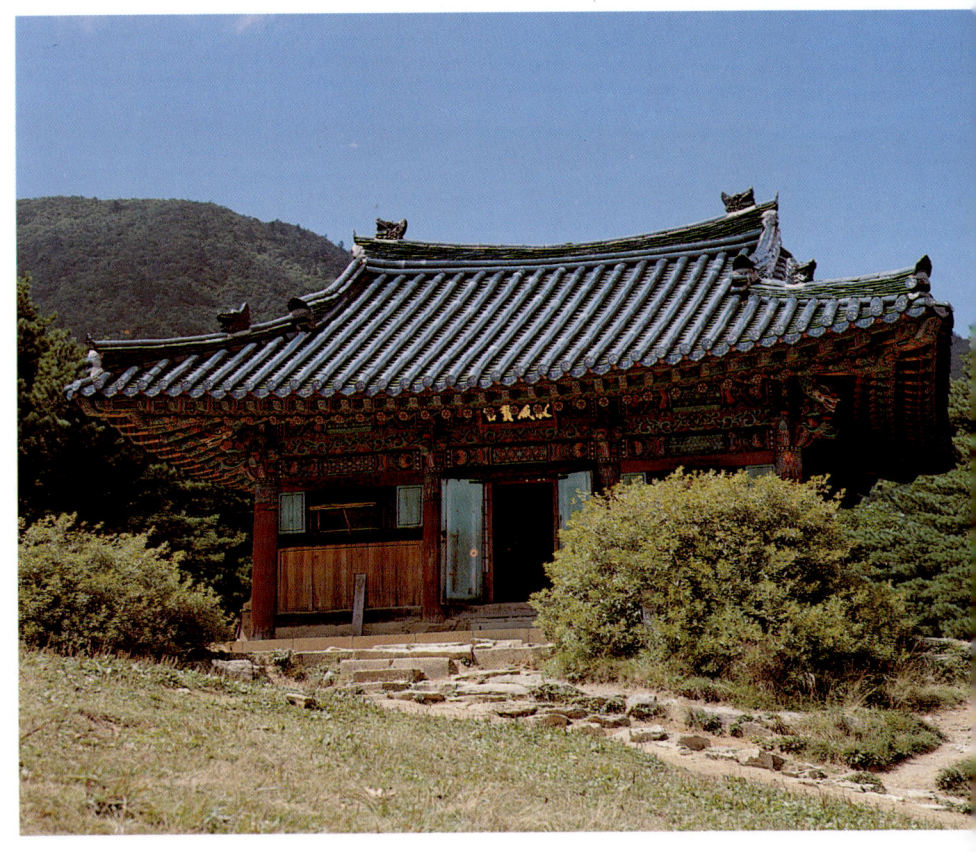

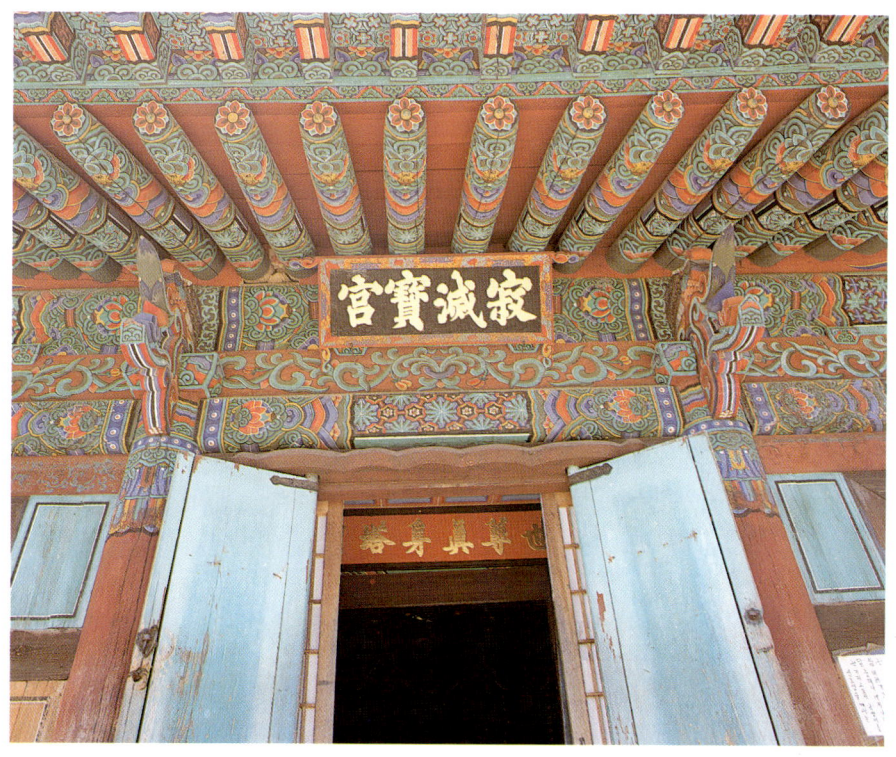

적멸보궁 우리나라 5대 적멸보궁의 하나로 신라 때 자장 율사가 당나라에서 가져온 부처님의 정골 진신사리를 모신 곳이다. 적멸보궁 건물은 정면 3칸, 측면 2칸의 팔작지붕으로 지방유형문화재 28호로 지정되어 있다.(옆면, 위)

로 지정되어 있다. 불사리를 모신 곳이라 불상이 안치되지 않고 불단만 조성되어 있다. 적멸보궁의 바로 뒤에는 84센티미터 높이의 개석(蓋石)을 갖춘 비석 모양의 마애불탑(磨崖佛塔)이 세워져 있는데 그 앞면에는 5층탑이 양각(陽刻)되어 있다.

적멸보궁은 오대산의 주봉인 비로봉에서 흘러내린 능선 위에 위치하고 있다. 예부터 천하의 명당으로 알려져 온 곳인데 일설에 의하면 이 일대는 용이 여의주를 희롱하는 형국이며 적멸보궁은

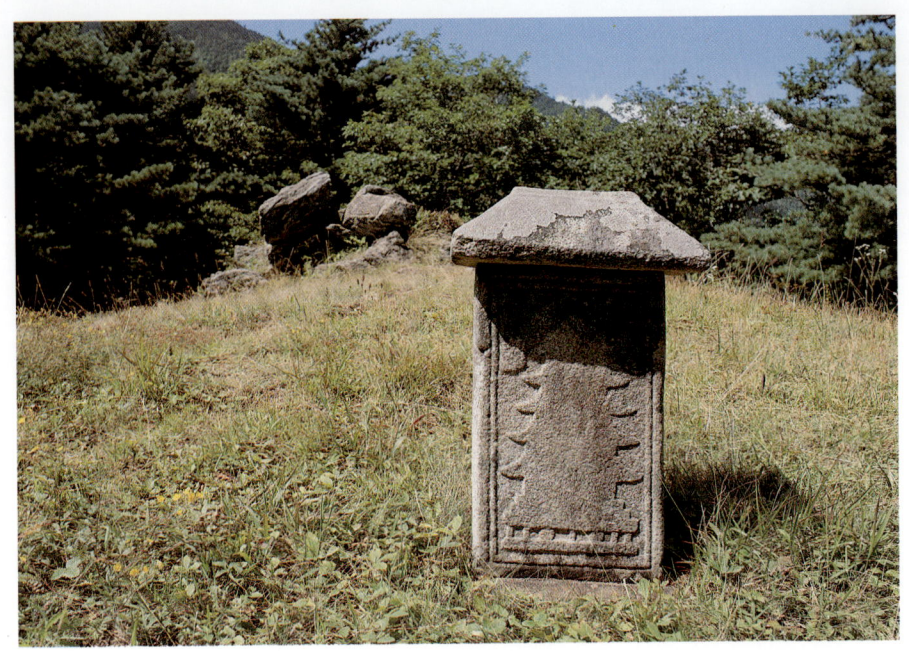

사리탑비 부처님의 진신사리를 모셨다는 증표로 작은 탑 모양을 새긴 비석으로 적멸
보궁 바로 뒤에 있다.

바로 용의 정수리에 해당하는 자리에 위치하고 있다는 것이다. 주
위를 다른 능선들이 병풍처럼 둘러싸고 있어서 안온하면서도 표
현하기 힘든 어떤 숙연함을 느끼게 하는 곳이다.

한편 이 일대는 불교의 성지로서 뿐만 아니라 도가들의 수도처
로서 인식되기도 했다. 이중환의 『택리지』에는 "맨 위에는 다섯
개의 경치 좋은 대가 있어 각각 하나의 암자가 있고 중대에는 불
골(佛骨)과 사리가 안치되어 있다. 상당부원군(上黨府院君) 한무
외가 이곳에서 득도해서 신선이 되었으므로 수단복지라고 일컬어
이 산을 제일로 삼았다"라고 적고 있다.

또한 송광연의 기행문에 의하면 당시 적멸보궁 오른편에는 금

몽암(金夢庵)이 있었다고 한다.

중대로 내려가는 길가에는 용안수(龍眼水)라는 샘터가 있다. 속설에 따르면 적멸보궁은 용의 정수리 부분에 해당한다고 하며 이 지점은 '용의 눈〔龍眼〕'에 해당하는 곳이라 용안수라 이름지었다고 한다. 눈이 두 개인 것처럼 용안수 역시 두 군데가 있었다고 하는데 다른 쪽 용안수 위치는 아직 확인되지 않았다고 한다.

중대 사자암

사자암은 적멸보궁과 상원사 사이에 위치하고 있다. 문수동자가 지혜로운 동물의 왕인 사자를 타고 있기 때문에 붙여진 이름으로 이곳이 곧 문수보살의 주처(住處)임을 상징하고 있다.

이 암자는 적멸보궁의 노전(爐殿)으로서 노전승이 거처하는 곳이며 향각(香閣)이라 하기도 한다. 마당가의 단풍나무는 1926년 한암이 봉은사에서 이곳 상원사로 올 때 짚고 온 지팡이를 꽂아 놓은 것이 살아나 이처럼 자란 것이라는 이야기가 있다. 이후 한암은 입적할 때까지 27년 동안 산문을 나가지 않았다.

동대 관음암

동대산 남쪽에 위치하며 월정사에서 2킬로미터 떨어진 거리에 있다. 관음보살이 상주하는 도량으로서 현재 관음보살 좌상을 안치하였다. 6·25 전쟁 때 불타서 폐사가 된 것을 1970년대 초에 중창하였다.

서대 수정암

아미타여래의 주처로서 상원사에서 남서쪽으로 2킬로미터 거리에 위치하고 있다. 양촌 권근의 「오대산 서대 수정암 중창기」에는

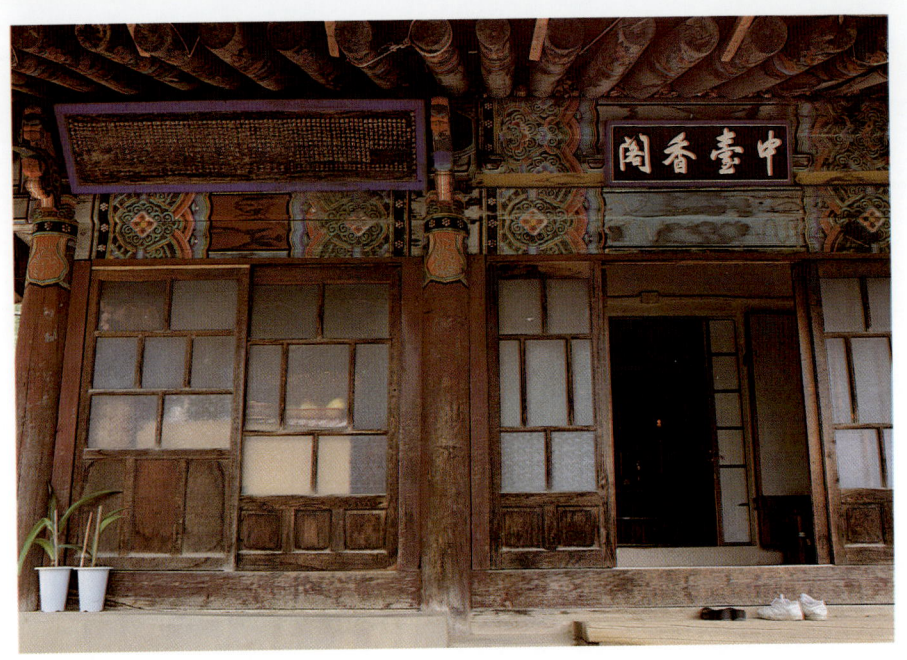

신라의 보천과 효명 태자가 오대산에 입산했을 당시 이곳에 머물
렀다고 적혀 있다. 요즘은 보기 드문 너와지붕을 한 수정암에서
바라보는 주위 전망이 일품이다. 염불암(念佛庵)이라고도 한다.

　수정암 조금 못미처 아래쪽에 우통수라는 샘터가 있다. 보천과
효명이 이곳 물로 차를 끓여 문수보살에게 공양했다는 이야기가
전해질 만큼 아주 오래 전에 발견된 샘이다. 일찍부터 이 샘은 매
우 중요하게 인식되었는데 그 이유를 살필 수 있는 글은 역시 권
근의 「오대산 서대 수정암 중창기」이다.

　서대 밑에 함천(檻泉)이 솟아나는데 빛과 맛이 보통 물보다
뛰어나고 물의 무게 또한 무겁다. 우통수라 하며 서쪽으로 수백
리 흘러 한강이 되어 바다로 흘러간다. 한강이 비록 여러 곳에

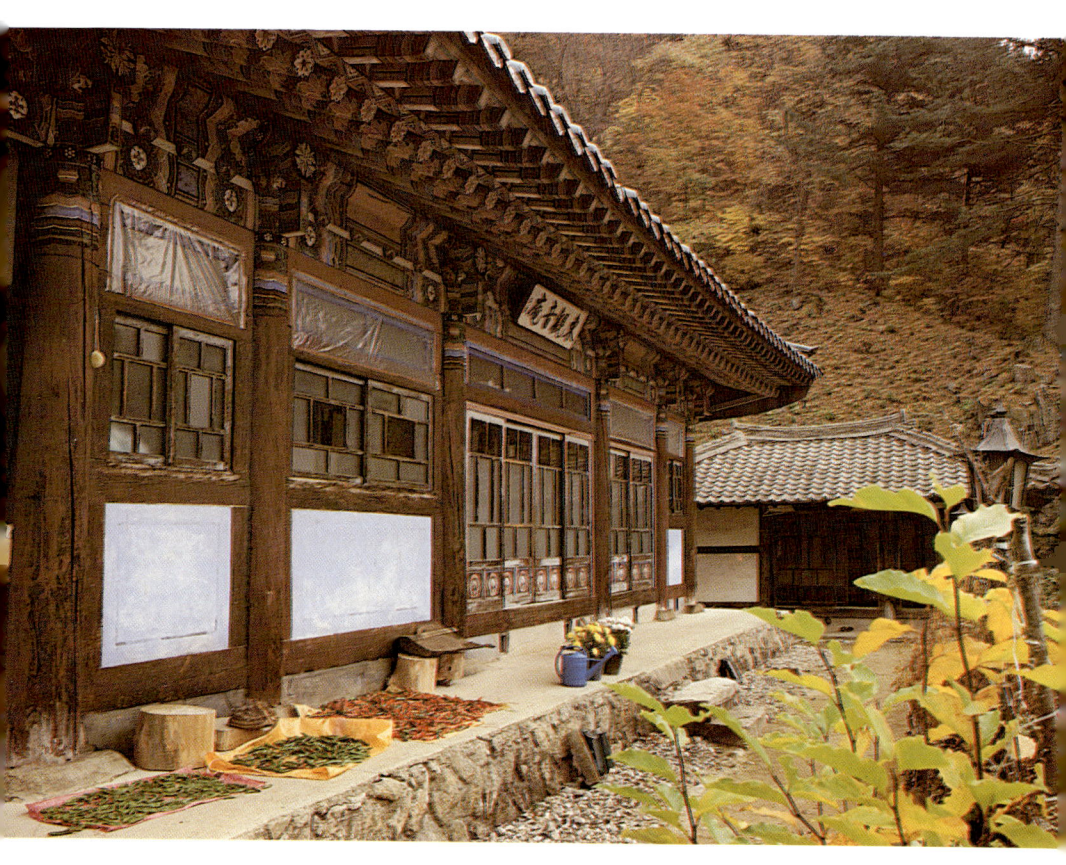

중대 사자암 상원사와 적멸보궁 사이에 위치한 사자암은 문수를 상징하는 사자와 연관되어 지어진 이름의 암자이다.(옆면)

동대 관음암 관음보살이 상주하는 도량인 동대 관음암은 '동관음암'이라는 현판이 걸린 자그마한 암자이다.(위)

서 흐르는 물이 모인 것이나 우통수가 중령(中泠)이 되며 빛과 맛이 변하지 않아서 중국에 양자강(揚子江)이 있는 것과 같으며, 한강이라는 명칭도 이 때문이다.

곧 이 샘터가 일찍부터 중시되었던 것은 바로 우통수 샘물의 독특한 '빛과 맛' 때문이었다. 매월당 김시습과 율곡 이이도 이곳을 찾아 물맛을 보았으며 그 느낌을 시로 남기기도 했다.

흔히 이 우통수는 '한강의 발원지', '한강의 시원'으로 알려져 왔다.[9] 한편 이형석 씨는 한강의 최장 발원지로서 그 시작을 우통수가 아닌 강원도 태백시 창죽동 금대산 북쪽 계곡을 들고 있다.

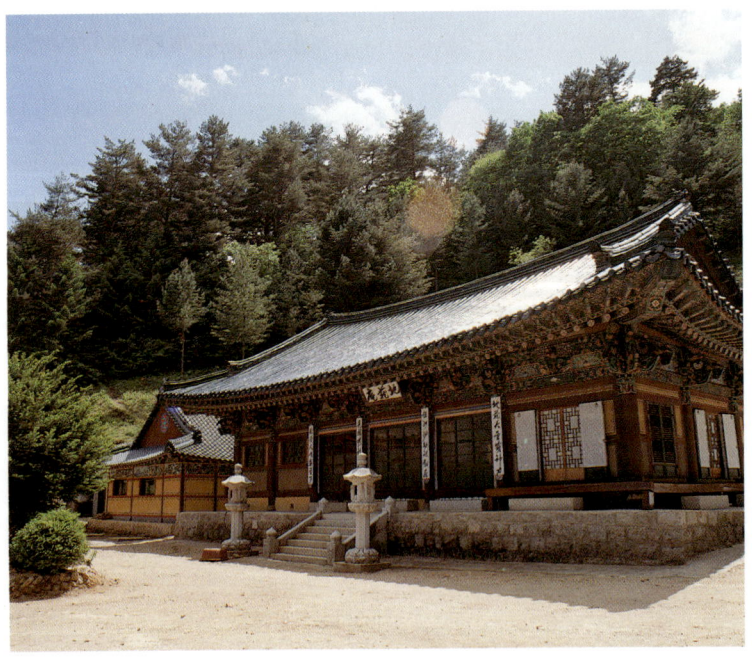

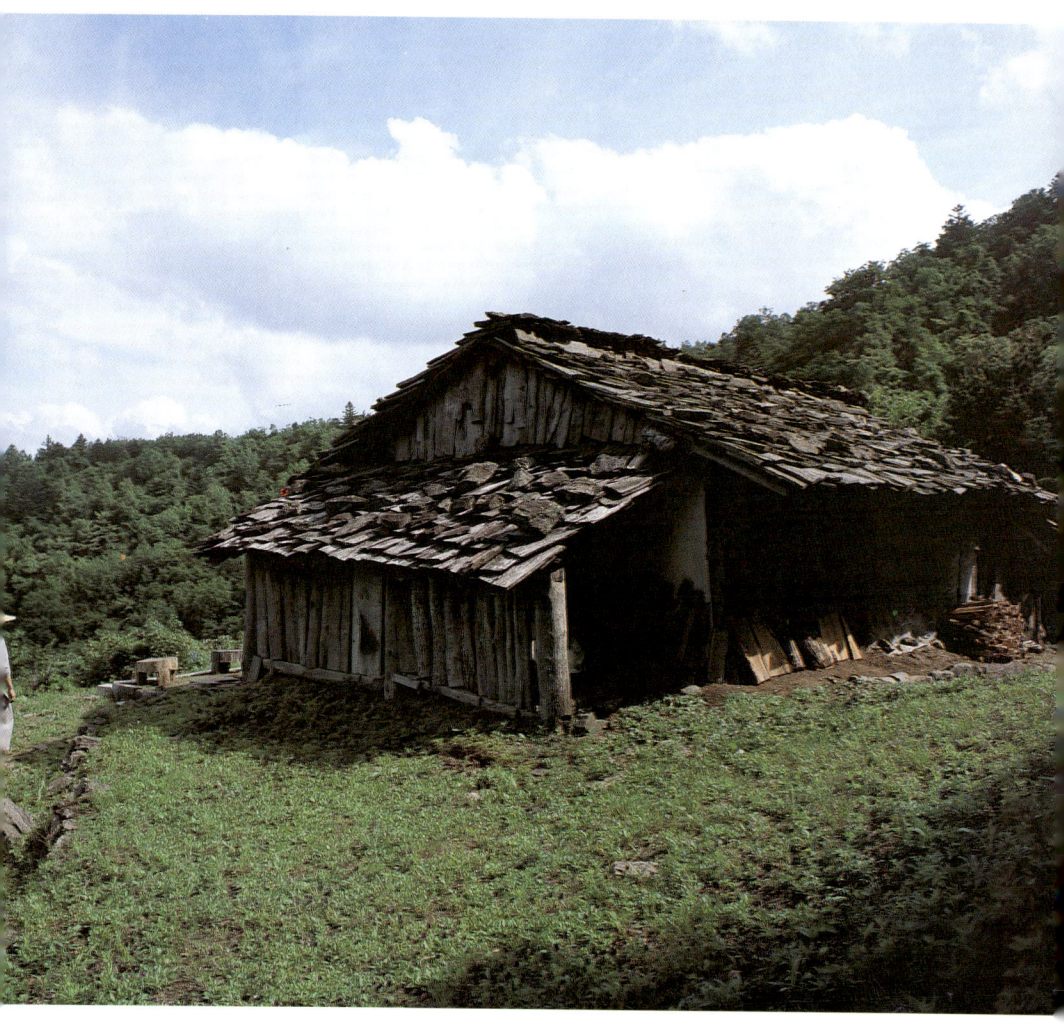

남대 지장암　현재는 비구니들의 수도처로서 지장보살이 상주하고 있다는 암자이다.(옆면)

서대 수정암　아미타여래의 상주처인 수정암은 도량으로는 특이하게 너와지붕을 하고 있다. 염불암이라고도 한다.(위)

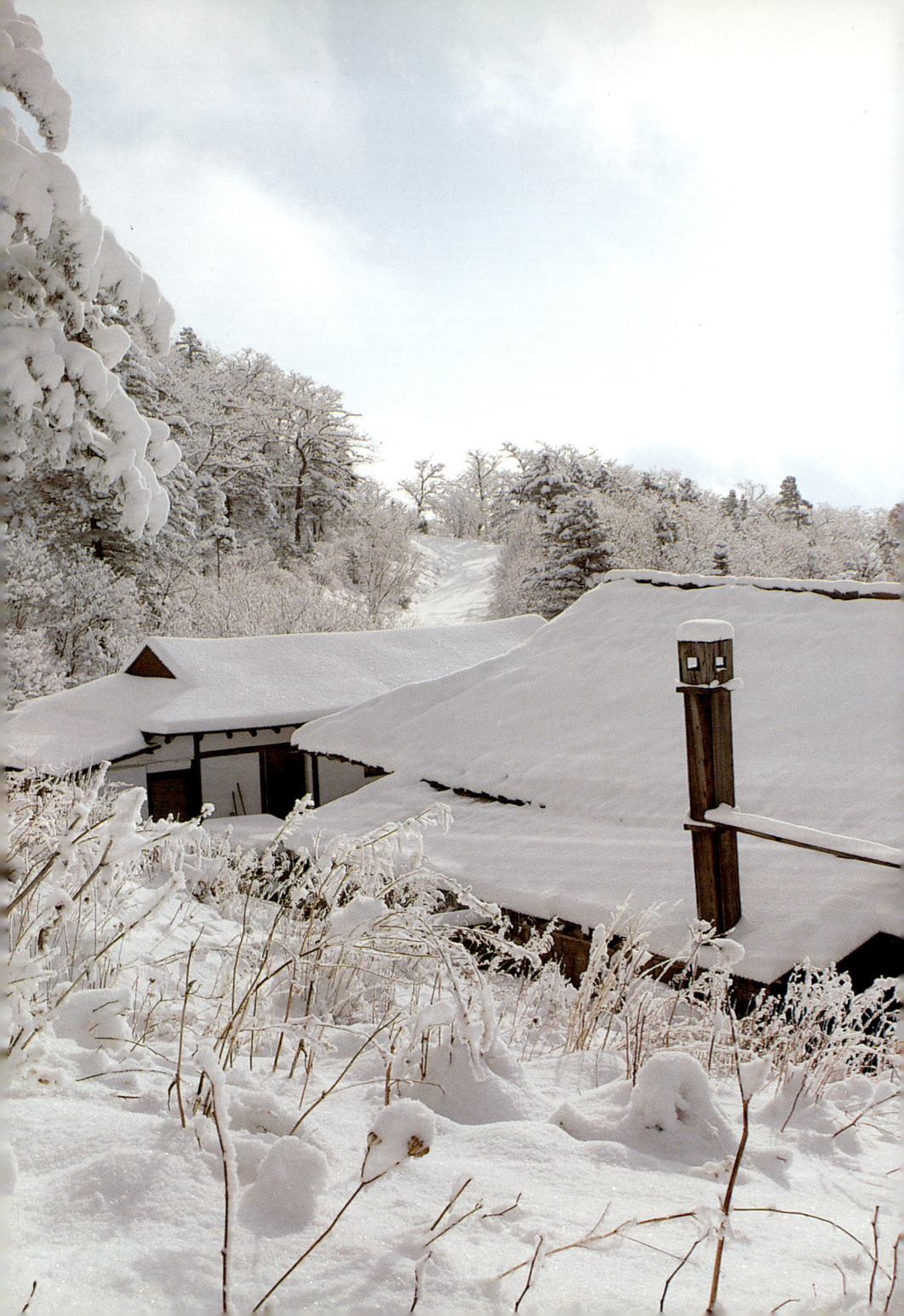

북대 미륵암 상원사에서 북쪽으로 난 큰 길을 따라
4킬로미터 떨어진 상왕봉 중턱에 자리잡고 있다.

남대 지장암

월정사에서 가장 가까운 거리에 있는 암자로 500미터 정도 떨어져 있다. 지장암은 지장보살이 상주한다는 곳으로 현재는 비구니들의 수도처가 되고 있다.

북대 미륵암

상원사에서 북쪽으로 난 큰 길을 따라 4킬로미터 떨어진 상왕봉 중턱에 자리잡고 있다. 석가모니의 주처로서 나옹 선사가 공부했던 곳이기도 하다. 본당 건물은 정면 5칸, 측면 3칸의 팔작 지붕으로 너와를 올렸다. 주위의 숲이 매우 울창하며 나옹 선사가 참선한 곳이라는 나옹대가 가까이 있다.

오대산 사고와 영감사

월정사에서 상원사로 가는 도중 3킬로미터 지점에서 서북쪽으로 1킬로미터 가량 더 들어간 지점에 위치하고 있다.

조선 후기 5대 사고의 하나인 오대산 사고가 이곳에 설치된 것은 선조 39년(1606)이었다. 건립 당시에 선원보각(璿源寶閣, 왕실의 족보를 보관하던 건물)과 실록각(實錄閣) 등의 건물을 세웠고 아울러 그 옆에 수호 사찰(守護寺刹)로서 영감사를 지었다. 이 때문에 영감사를 사고사(史庫寺)라 하기도 하였다.

『신증동국여지승람』에 의하면 건립 당시인 선조 39년, 새로 인각한 사조실록(思朝實錄)을 이곳에 보관하였으며 참봉 두 사람을 두어 관리하게 했다고 기록되어 있다.

이후 오대산 사고는 오대산이 소백산, 가야산과 함께 삼재가 들

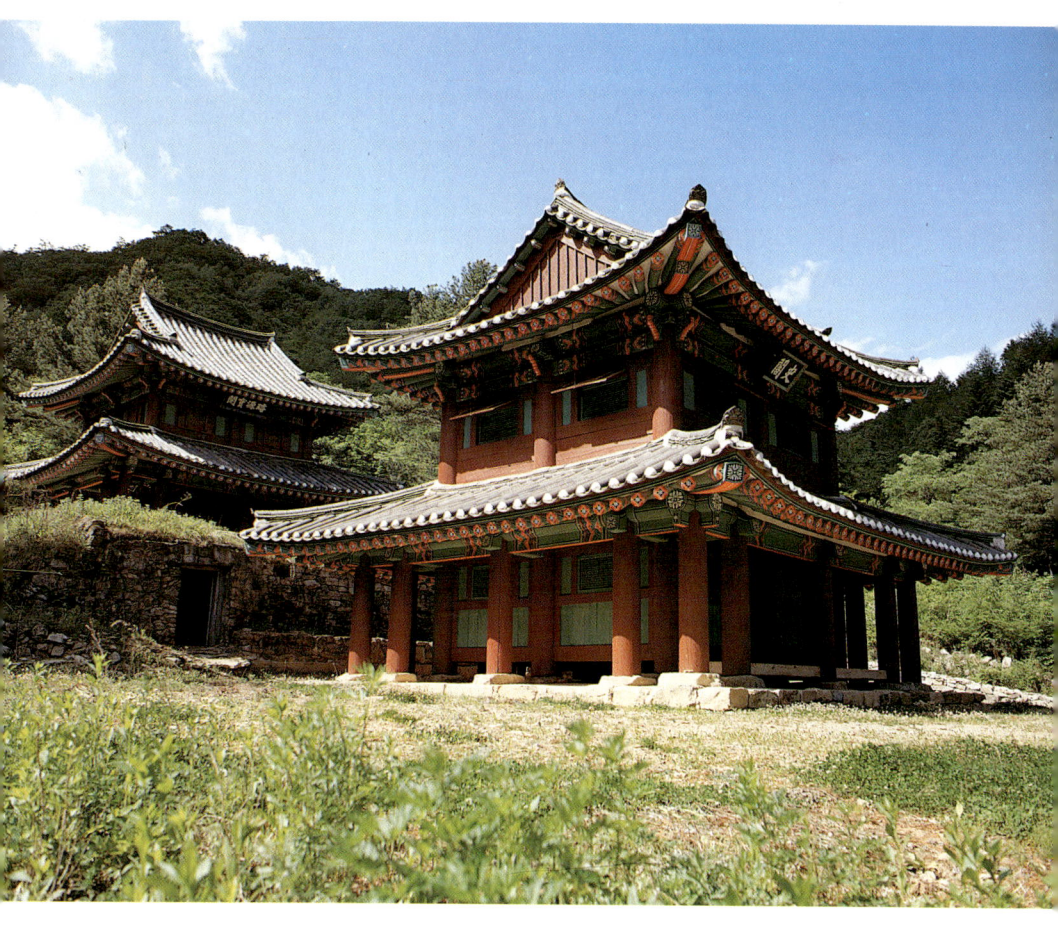

복원된 오대산 사고 조선시대 5대 사고 중의 하나로 월정사에서 상원사로 가는 도중의 서북쪽에 위치하고 있다. 오대산 사고가 최초로 이곳에 설치된 것은 1606년(선조 39)이었지만 6·25 전쟁을 겪으며 주춧돌만 남게 되었다. 선원보각을 비롯한 현재의 건물은 1989년 이후 복원한 것이다.

어오지 않는 곳이라는 이중환의 설명처럼 3백년 간 무사히 보존
되어 왔다.

하지만 국권을 상실한 뒤인 1911년 조선총독부 취조국에서 오
대산 사고의 서책을 강제로 접수하더니 1913년에 동경제대 부속
도서관에 기증하였다. 그러나 이 서적들은 1923년의 관동대지진으
로 마침 대출중이던 실록 45책만이 화를 면했을 뿐 나머지는 모
두 소실되고 말았다.

그리고 6·25 전쟁 때에는 영감사를 비롯해 사고의 모든 건물
이 불타 버렸다. 1960년대에 들어서서 영감사만이 중창되었으나
지난 1989년에 선원보각을 완공한 데 이어 1992년에는 실록각 자
리에 있던 영감사를 선원보각 뒤로 옮기고 원래의 자리에 실록각
을 세워 옛모습을 완전히 복원하였다.

시문학에 나타난 오대산

오대산에 관한 기행문으로는 율곡 이이의 「유청학산기(遊靑鶴山記)」와 범허정 송광연의 「오대산기(五臺山記)」가 있으며 이 밖에 김창협과 허목의 글이 있는 것으로 알려져 있다.

특히 송광연이 1676년에 쓴 기행문에는 당시 사자암이 폐사가 되어 있었으며 적멸보궁 오른편에 수좌승 자언(自彦)이 거처하는 금몽암이라는 암자가 있었다는 것 등 그 동안 우리가 전혀 알지 못하고 있던 사실들이 상당수 기록되어 있다.

이 밖에도 신라시대 보천 태자가 머물며 수행하던 신성굴의 위치를 가늠해 볼 수 있는 내용들도 담고 있어 앞으로 오대산과 그 불교 문화 연구에 매우 귀중한 사료가 될 것이라 판단된다. 송광연은 조선조 숙종 때의 이조참판 등을 지낸 문신이며 저서로는 『범허정집(泛虛亭集)』이 있다.

오대산에 관한 시를 남긴 선인들 가운데서 매호(梅湖) 진화(陳澕, 생몰년 미상)와 귀록(歸鹿) 조현명(趙顯命, 1690~1752)의 작품만이 알려져 왔다. 그러나 매월당 김시습과 이이 등의 작품이 다수 확인되어 이를 연대순으로 소개하고자 한다.

진화「유오대산(遊五臺山)」

언젠가 그림 속에서 오대산을 볼 때에는
구름 속에 높고 낮은 푸른 산이 있더니
지금 골짜기마다 물 다투어 흐르는 곳에 와서 보니
구름 속에서도 길은 어지럽지 않음을 스스로 깨닫노라

　진화는 고려 신종 때의 문장가로 호는 매호이다. 그는 참지정사
(參知政事)를 지낸 무신이며 여양 진씨(驪陽陳氏)의 시조인 진준
(陳俊)의 손자이며 어사대부(御史大夫)를 지낸 진식(陳湜)의 동
생이다.『신증동국여지승람』제19권 홍주목 인물편에서는 "신종
때에 과거에 올라 한림원(翰林院)에 뽑혀 들어갔고, 우사간(右司
諫) 지제고(知制誥)로 지공주사(知公州事)로 나왔다가 죽었다. 시
사(詩詞)를 잘하고 그 말이 맑고 미려했으며 젊어서는 이규보(李
奎報)와 같이 이름을 떨쳤다"라고 하였다.
　1979년 발행한「평창군지」와「태백의 시문」등에서 진엽(陳燁)
의 작품으로 소개하고 있는데, 이는 '화(澕)'자와 '엽(燁)'자를
혼동한 것이다.『동문선』과『신증동국여지승람』제44권「강릉대도
호부」항목에는 분명히 진화의 작품으로 되어 있다. 이 밖에「영
곡사(靈鵠寺)」가『신증동국여지승람』에 실려 있으며『동문선』에
는 모두 9편의 시가 수록되어 있다.

　정추 시 두 편
　　　1
금강연 물이 푸르게 일렁거려
갓 위에 묵은 먼지 씻어 낸다.

월정사에 가 옛 탑을 보려 하는데
석양에 꽃과 대(竹)가 매우 근심케 한다.
                    2
자장이 지은 옛 절에 문수보살이 있으니
탑 위에 천년 동안 새가 날지 못한다
금전(金殿)은 문 닫았고 향연(香煙)이 싸늘한데
늙은 중은 동냥하러 어디로 갔나.

고려 공민왕 때의 무신 정공권(鄭公權, ?~1382년)의 호는 원재(圓齋)이며 초명을 따라 흔히 정추(鄭樞)라 부른다. 『신증동국여지승람』에 수록되어 있으며 역시 정추라 표기하였다.

김시습「오대산」

오대산 위에는 오색 구름이 나는데
시냇물 돌 씻는 소리 익히 들어 왔네
세상 사람들 많고 적은 일들 굽어 보았더니
분주하고 구속 많아 돌아감만 못하다 했네

원통암(圓通岩) 아래 반야연(般若淵) 물 속에서
활발하게 노는 물고기 떼지어 뒤적거리네
네 우선은 돌아가 볼 것이라
백년 동안 사람의 일은 얽혀 줄줄이 이었다네

중대 높은 뫼에 강(講)하는 때 종소리에
아지랑이 창망(蒼茫)하여 바라봐도 끝이 없네

어느 곳 들중[野僧]이 아직도 도착 못하고
석양의 노을 속에 홀로 지팡이를 끄는가

북대엔 사월에도 남은 눈이 쌓였는데
푸른 나물 흰 구리떼 흙을 이고 나오네
나옹대 가에는 높은 구름 떠 있어
높고 깊고 아득하여 측량하기 어려워라

서산의 높은 봉우리 외롭게도 끊겼는데
우통(宇筒) 못물은 기운이 맑고 차네
고승(高僧)은 병 가지고 손수 차를 달이고
서방의 극락 세계 부처님께 예배하네

산 남쪽은 깎아질러 기린(麒麟)이라 부르는데
들풀 곱고 우거져 기미(氣味)가 순진하네
오대산의 분명한 뜻 다잡아 알려 하면
눈 가운데 동자(瞳子)요 얼굴 앞의 사람일세

매월당 김시습의 「오대산」이다. 동대, 중대, 북대, 서대, 남대의
순으로 적고 있는데 『매월당집(梅月堂集)』에는 이 여섯 수가 매
월당이 '직접 쓴[手書]' 시는 아니라는 부기(附記)가 적혀 있다.
김시습은 같은 제목의 시를 하나 더 남겼다.

오대산은 옛날엔 신라 땅이어서
신성(神聖)과 효명(孝明)이 여기서부터 나왔네
성오평(省烏坪)에서는 백관(百官)이 모여서

울부짖어 하늘 보며 길을 막고 울었네
바위 구멍 숲 사이를 모조리 뒤지니
풀 먹으며 해진 옷 형상이 학 같았네
대보 신위(大寶神位)를 대궐 속에 가둘 수 없어
일백 관원들 둘러싸고 군사(君師)로 모시었네
사로(斯盧)의 한 구역에 평생 머물러서
천연 홍업(鴻業) 기초를 여기에다 닦았네
다시 신효(信孝)가 공주(公州)에서 태어나서
학 한 마리 쏜 것이 자비(慈悲)와 인연되었네만
자장은 늙은 문수보살을 알아보지 못해서
거만한 마음 더하여 아주 크게 어리석었네
월정사 터 멀어도 아직 그대로 있어
옛 비석과 보탑(寶塔)이 어찌 그리도 진기한가
나 이제 그대를 보내어 한번 놀게 하는데
그 속에서 두 눈썹을 우선 열어야 하네
오만 개의 산봉우리에 가을달이 나직한데
산마루서 자규(子規)의 울음 익히 들어 왔으리
가을 바람 썰렁하여 쇠잔한 나무 놀라게 하는데
차가운 달이 훤하게 흙 섬돌에 올라서서
역력히 밝았다 때로는 도로 마치는 듯
이끼 무늬 아롱진 곳에 풀이 한창 우거졌네
오대 산경(五臺山境)을 사람이 묻거들랑
십리 길 솔 사이에 토란잎 가지런하다 하소

시 앞부분의 신성은 보천 태자를 가리킨다. 이외에도 효명 태
자, 신효 거사, 자장 법사와 같은 실제 인물들의 행적을 자세히

설명하고 있다.

그리고 서술된 내용이 『삼국유사』의 「대산오만진신」, 「대산월정사오류성중」 조와 흡사해서 마치 『삼국유사』의 내용을 시로 그대로 옮겨 놓은 것 같은 느낌마저 든다. 『삼국유사』의 두 기록은 일연이 월정사에 전해 오는 옛 기록을 보고 적은 것인데 김시습도 같은 문헌을 본 게 아닌가 싶다.

율곡 이이가 오대산에 대해 읊은 시는 다음에 소개하는 다섯 편 이상이 있다.

「재유오대산석간답설(再遊五臺山石澗踏雪)」

4월의 산 속에서 눈 비탈길 걷노니
바람에 옷자락 스쳐 허공에 드날린다
뭇 산봉우리 온통 푸르러 소리 없이 고요한데
소나무 밑 그윽한 샘물이 사람 향해 속삭이네

「유남대서대중대숙우상원(遊南臺西臺中臺宿于上院)」

깊은 산골에 날씨 활짝 개었는데
바위에 흐르는 물소리 맑기도 하구나
오대산 가는 곳마다 흥취에 끌리어
이끼 길에서도 발걸음 가볍다
다래 덩굴 휘어잡고 절정에 오르니
흰 구름 푸른 벼랑에 피어 일고
옹기종기 작은 산들을 굽어보니

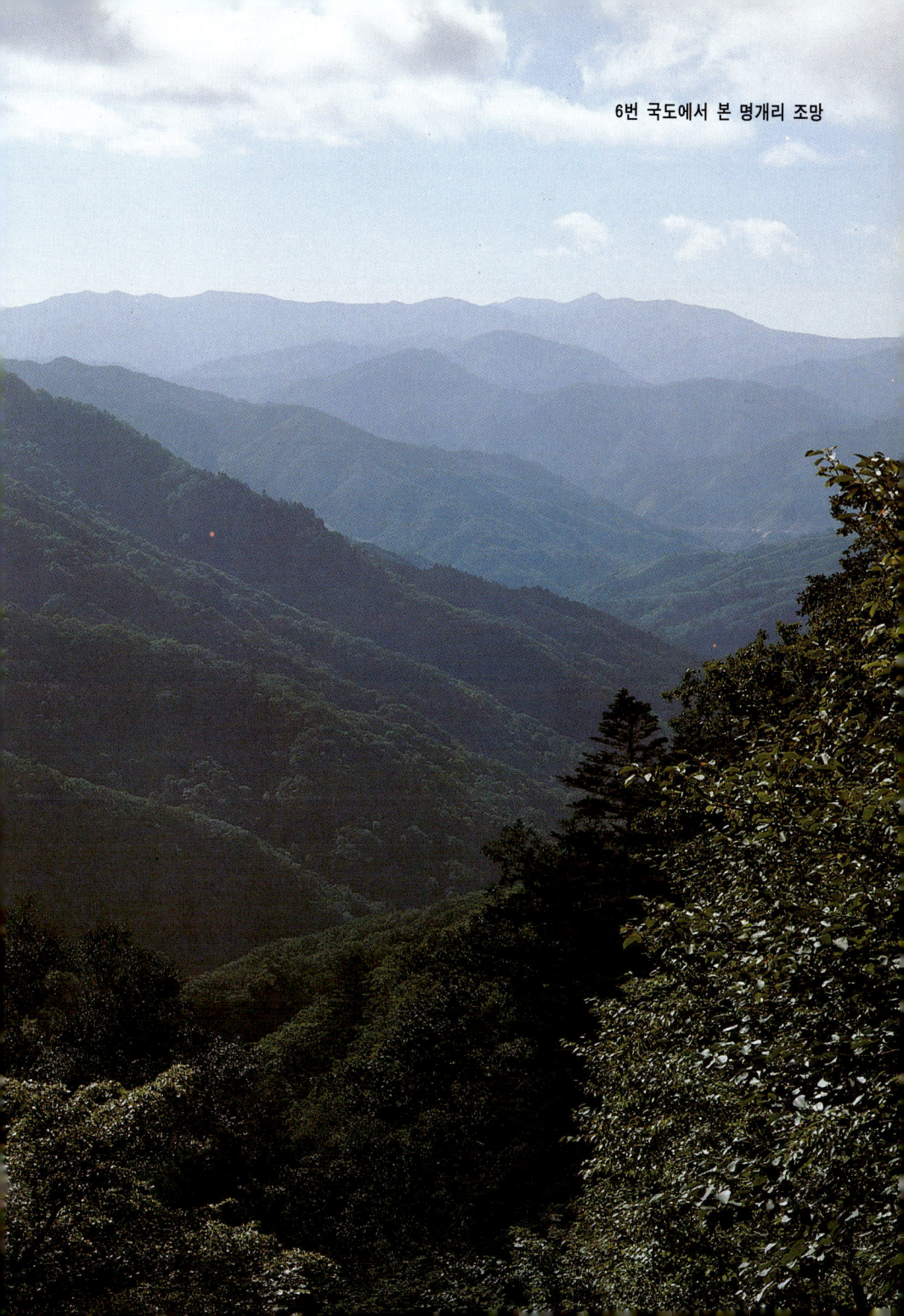

6번 국도에서 본 명개리 조망

여기저기에 연기 낀 나무들이 편편하네
돌 틈에 흐르는 우통수의 차가운 샘물
담담한 심정 나도 어쩔 줄 모르겠네
한번 마시니 세상일 다 잊고
선방(禪房) 방석에 앉으니
새벽 종소리에 깊은 반성 떠올라
담담한 심정 나도 어쩔 줄 모르겠네

「중유월정사(重遊月精寺)」

쓸쓸한 숲속으로 걸어가는 나그네 길
석양의 풍경 소리 절간에서 들려온다
스님네들 묻지 마오 다시 찾아온 뜻을
바위에 흐르는 물 말없이 대하니 세상 일 어둡네

「장입내산우우(將入內山遇雨)」

벼슬 버리고 돌아오니 뭇일이 홀가분해
오대산 절경이 가장 저에 쏠리네
산신령이 뿌린 비 손님이 싫어서가 아니고
숲속의 샘물 늘려서 더욱 맑게 함일레

「증산인(贈山人)」

오대산 밑에 월정사라
문 밖의 맑은 냇물 쉬지 않고 흐르네

가소롭다 스님이 실상(實相)에 미혹하여
무(無)자만을 갖고서 부질없이 추구하네

이율곡은 16세에 어머니 신사임당을 여의었고 그 충격에 19세
에는 금강산에 들어가 불서를 공부한 적이 있다. 이러한 행적이
당시의 유교 중심 사회에서 문제가 되기도 했지만 그의 시 속에
는 불교적이면서도 도교적인 색채가 배어 있다.
　　제목에서 알 수 있듯이 이이는 오대산을 자주 찾은 것으로 보
인다. 「재유오대산석간답설」은 1569년에 지은 작품으로 이때 그는
청학동 소금강도 탐방하였다.

조현명 「오대산 사고사(五臺山史庫寺)」

명산이 겹겹하여 사서(史書)가 간직된 곳
나그네 위해 주인이 백리 길 함께 왔네
상석(上席)에서 성례(盛禮) 받으니 몸둘 곳 없어
전인(前人)을 따르는 후인(後人)인 양 괴롭다
솟아나는 샘물은 푸른 한수(漢水)로 돌아들고
둘레의 산들은 태종(泰宗)을 우러르는 듯
소매로 먼지 털고 벽판(壁板)을 바라보니
서리 가득한 하늘에 종소리가 차갑다

조현명은 영조 때에 영의정 등을 지낸 문신으로 탕평책 등 영
조의 정책 수행에 적극 협조한 인물이었다. 청렴한 생활로 일관했
으며 효성이 지극해 정문(旌門)이 세워지기도 했다.

청학동 소금강

명승 1호로 지정된 경승지

산이 높으면 계곡이 깊다는 말처럼 산악 국가인 우리나라에는 뛰어난 경승을 가진 계곡이 많다. 그 가운데에서도 1970년에 명승 1호로 지정된 청학동 소금강은 웅장한 규모이면서도 수려함을 잃지 않은 아름다운 계곡미(溪谷美)로 이름이 높은 곳이다.

앞서 설명한 바와 같이 오대산 국립공원은 크게 월정사 지역과 소금강 지역으로 나누어진다. 월정사 지역이 불교 유적을 중심으로 한 문화 자원의 보고로서 부드러운 산세와 울창한 숲을 특징으로 한다면, 소금강 지구는 수많은 기암 괴석과 폭포, 소(沼)와 담(潭)이 조화롭게 어울려 천하 절경인 곳이다.

소금강 지역은 행정 구역상 명주군 연곡면에 속하며 오대산 국립공원 전체 면적의 4분의 1에 해당하는 74평방킬로미터이다. 주봉인 해발 1,407.1미터의 황병산을 중심으로 동쪽으로는 매봉(1,173.4미터)과 천마봉에, 서쪽으로는 노인봉(1,338.1미터)과 백마봉(1,094.1미터)에 둘러싸여 북동쪽을 향하여 ㄷ자 형상으로 이루

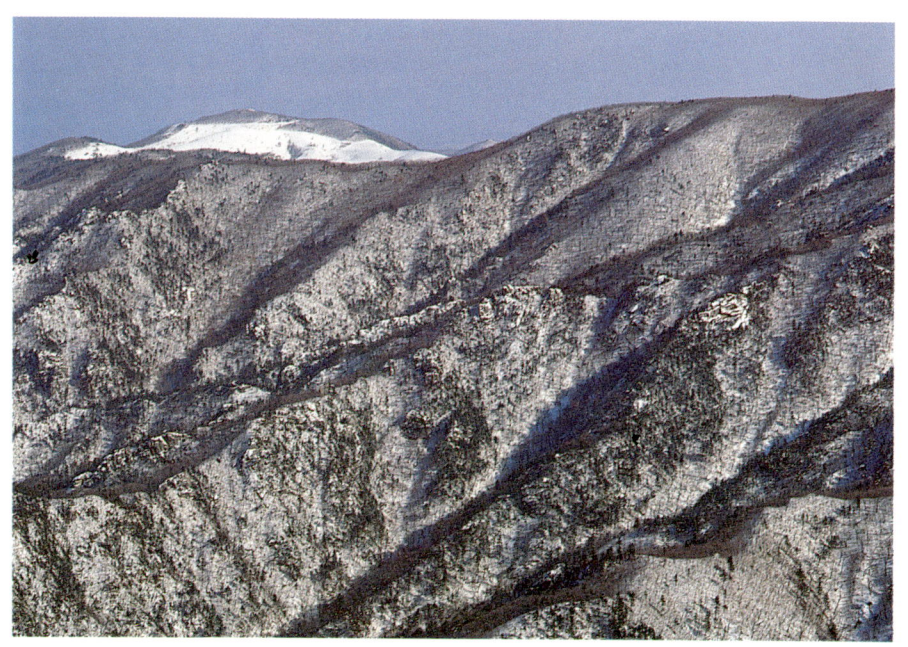

노인봉에서 바라본 황병산 줄기 황병산 줄기는 우리나라에서 가장 강설량이 많은 곳 가운데 하나이다. 그래서 겨울 산행에는 스키를 지녀야 할 정도가 되기도 한다.

어진 계곡이다. 노인봉과 황병산에 오르면 강릉 시내와 동해가 한 눈에 들어오는데 이 일대는 6·25 전쟁 당시 치열한 전투가 벌어 졌던 곳이기도 하다.

원래 소금강은 무릉계를 경계로 내·외(內外)소금강으로 구분 되어 있었다. 하지만 금강문, 취선암 등이 있는 입구 쪽의 외금강 지역은 일제 때의 무자비한 남벌(濫伐)로 주위 경관이 크게 훼손 되고 말았다. 요즘은 일반적으로 무릉계 안쪽 8킬로미터 남짓한 내소금강만을 소금강이라 부르고 있다. 소금강 입구인 삼산 2리의 도로변에는 천연기념물 350호로 지정된 450년 수령의 소나무가 있다.

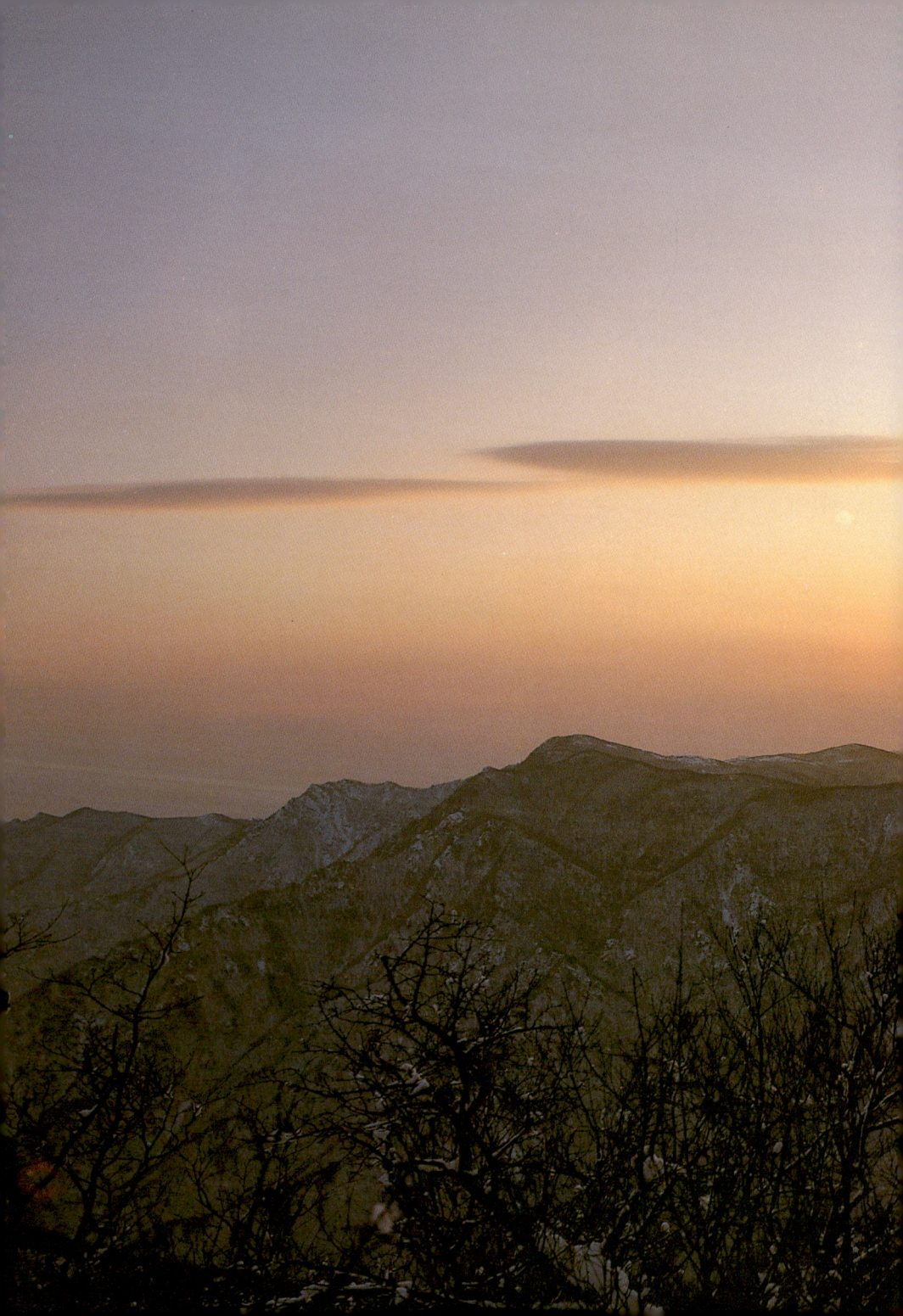

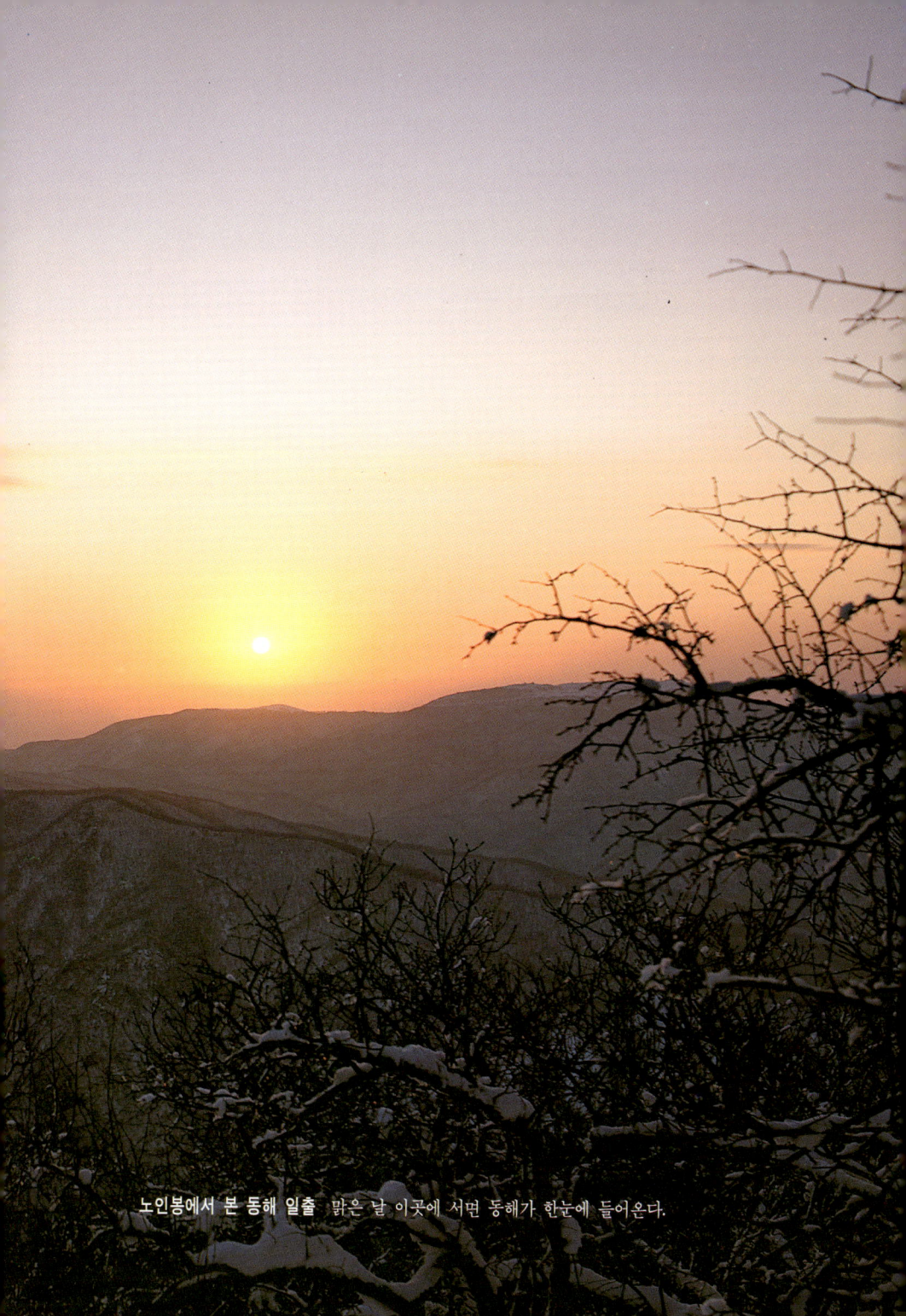

노인봉에서 본 동해 일출 맑은 날 이곳에 서면 동해가 한눈에 들어온다.

소금강의 초여름 울창한 숲과 기암 괴석 그리고 맑은 물이 조화된 계곡의 아름다움이 이름 그대로 '작은 금강산'을 연상시킨다.(아래)

소금강의 가을 맑은 물, 깨끗한 공기는 아름다운 단풍의 필수 조건이다. 예부터 소금강 단풍은 아름답기로 유명하다.(옆면)

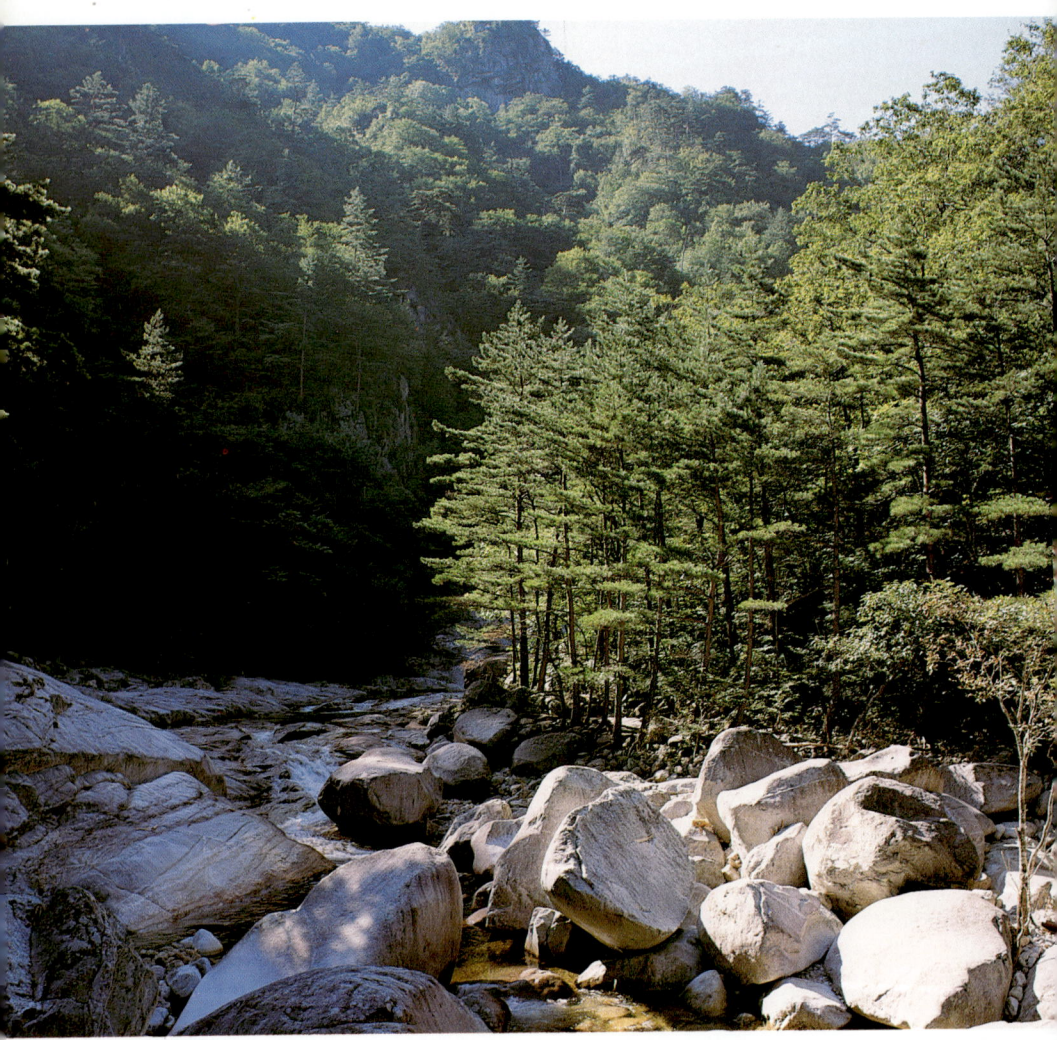

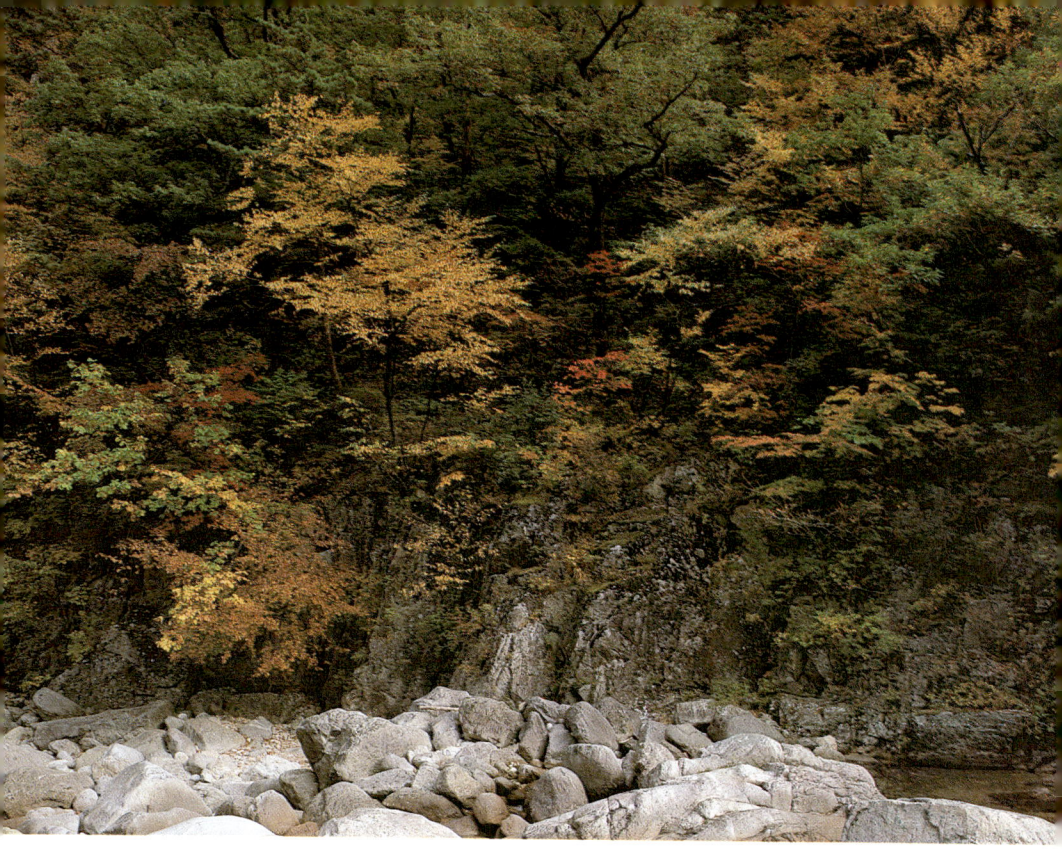

　예부터 명주군은 소나무의 형질이 뛰어나기로 유명한데 이곳의
소나무를 강송(剛松) 또는 금강송(金剛松)으로 불렀다.

　소금강 소재의 사찰로는 금강사가 있다. 연화담(蓮花潭)에서
100미터쯤 위에 있는데 원래 신라 때의 관음사가 있던 자리라고
하나 정확치는 않다. 이 절은 1960년대에 세워졌으며 현재는 비
구니 스님들의 수도처이다.

　금강사의 주변은 천연기념물 218호인 장수하늘소의 서식지로
알려져 있다.

　다음은 청학동 소금강의 주요 명소들이다.

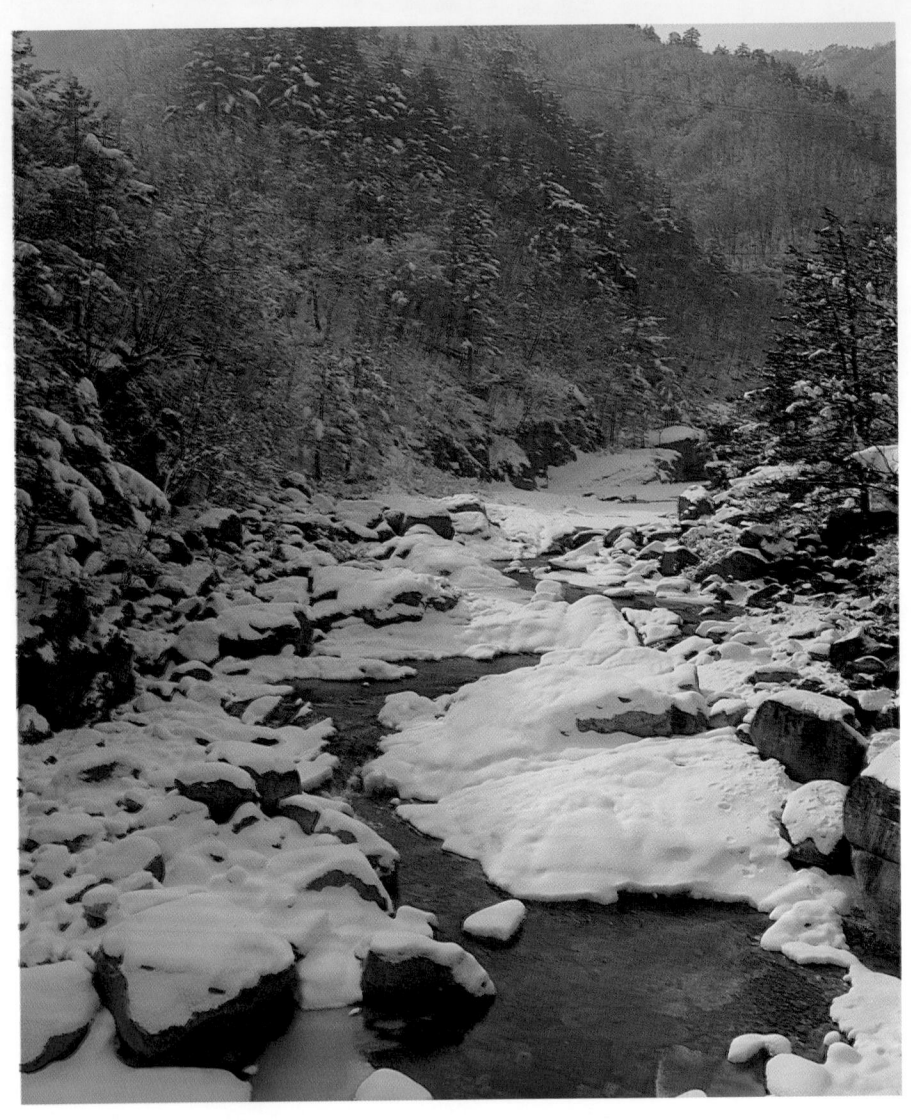

무릉 계곡의 겨울 '무릉도원'에서 이름을 따올 정도로 아름다운 계곡이 무릉 계곡이
다. 이 무릉계를 경계로 내소금강과 외소금강으로 구분된다.

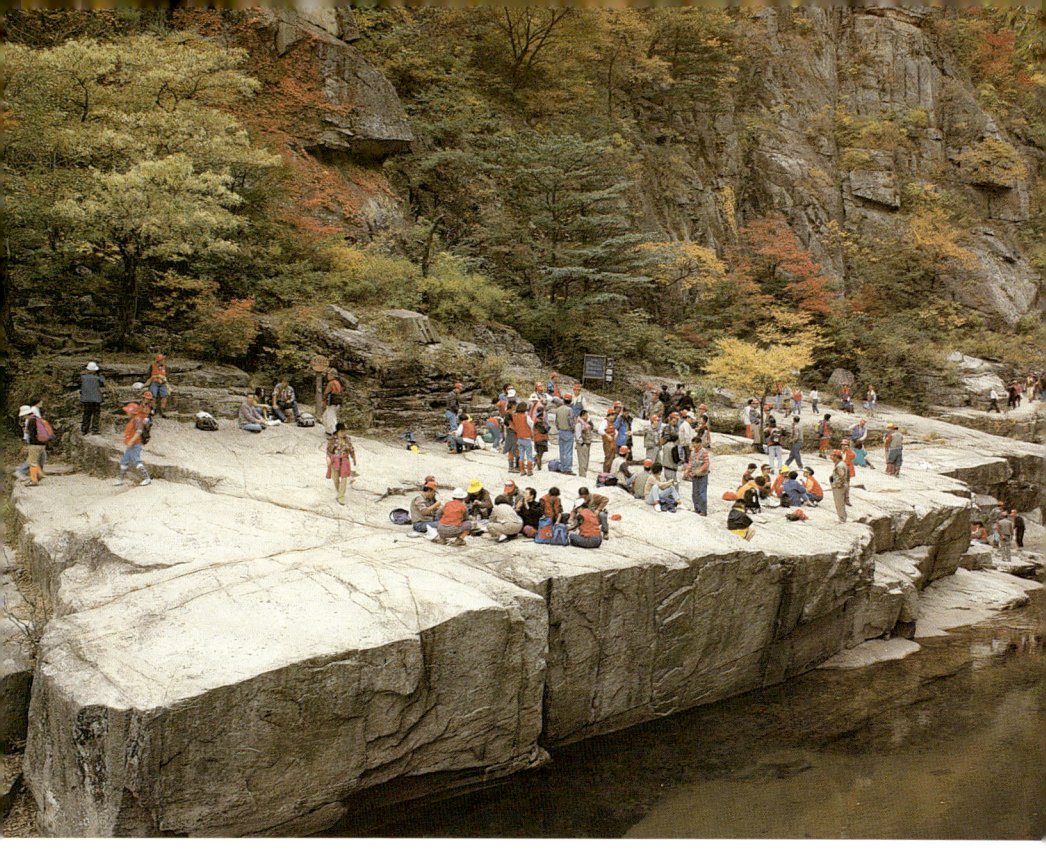

식당암 수백 명이 들어설 수 있을 정도로 널찍하고 판판한 바위로 삼국시대부터 이 곳에서 식사를 했던 여러 사연으로 인해 이런 이름이 붙었다.

무릉계(武陵溪)

소금강의 관문으로 대표적인 경승지이다. 청학동 소금강은 노인 봉에서 발원하는 연곡천의 지류인 청학천에 의해 형성된 12킬로 미터의 계곡인데 무릉계를 경계로 내소금강과 외소금강으로 구분 한다. 전설 속의 이상향인 무릉도원(武陵桃園)에서 이름을 따왔다 고 하며 10여 미터에 달하는 폭포도 있다. 울창한 주변의 숲은 등 산로에서 내려와 계곡 아래에서 감상해야 그 진면목을 느낄 수 있다.

식당암

금강사에서 멀지 않은 곳에 넓은 반석으로 깎아지른 듯한 단애가 주위를 둘러싸고 있다. 식당암이라 부르게 된 이유에 대해서는 신라군에 쫓긴 예맥(濊貊) 군사가 산 속으로 피신하던 중 이곳에서 식사를 했기 때문이라는 이야기와 망국의 한을 품은 마의 태자(麻衣太子)가 부하들을 이끌고 아미산성(娥媚山城, 구룡연 동쪽 능선에 있는 성)으로 들어가다가 이곳에서 잠시 쉬며 점심 식사를 했기 때문에 그렇게 이름지었다는 전설 등 여러 가지가 있다.

한편 율곡 이이가 이곳에서 식사를 했기 때문이라고도 하나 이는 잘못된 것이다. 율곡의 기행문 「유청학산기」를 살펴보면 그가 이곳을 탐승하기 이전에 이미 식당암이라 불리고 있었으며 오히려 율곡은 비선암(祕仙岩)이라 이름을 바꾸었기 때문이다. 율곡과 그의 일행은 이곳에서 술을 즐겼을 뿐이며 그들이 점심식사를 한 곳은 지금의 청학사지 근처의 계곡이다.

십자소

관리사무소로부터 1.5킬로미터 떨어진 거리에 있다. 청학산장을 지나 가파른 벼랑길을 가다 보면 왼쪽 절벽 아래 깊은 소가 있는데, 소의 모양과 그 곳으로 흘러드는 계류의 생김새가 십자와 비슷하다 해서 붙여진 것이다.

구룡폭포 계곡

매봉과 천마봉에서 흘러내린 물줄기가 이루어진 계곡으로 소금강의 대표적인 경승지이다. 이 계곡에는 9개의 폭포가 있는데 제1폭을 상팔담(上八潭), 제6폭을 군자폭(君子瀑), 제9폭을 구룡폭(九龍瀑)이라 하며 나머지 6개는 현재 이름이 없다.

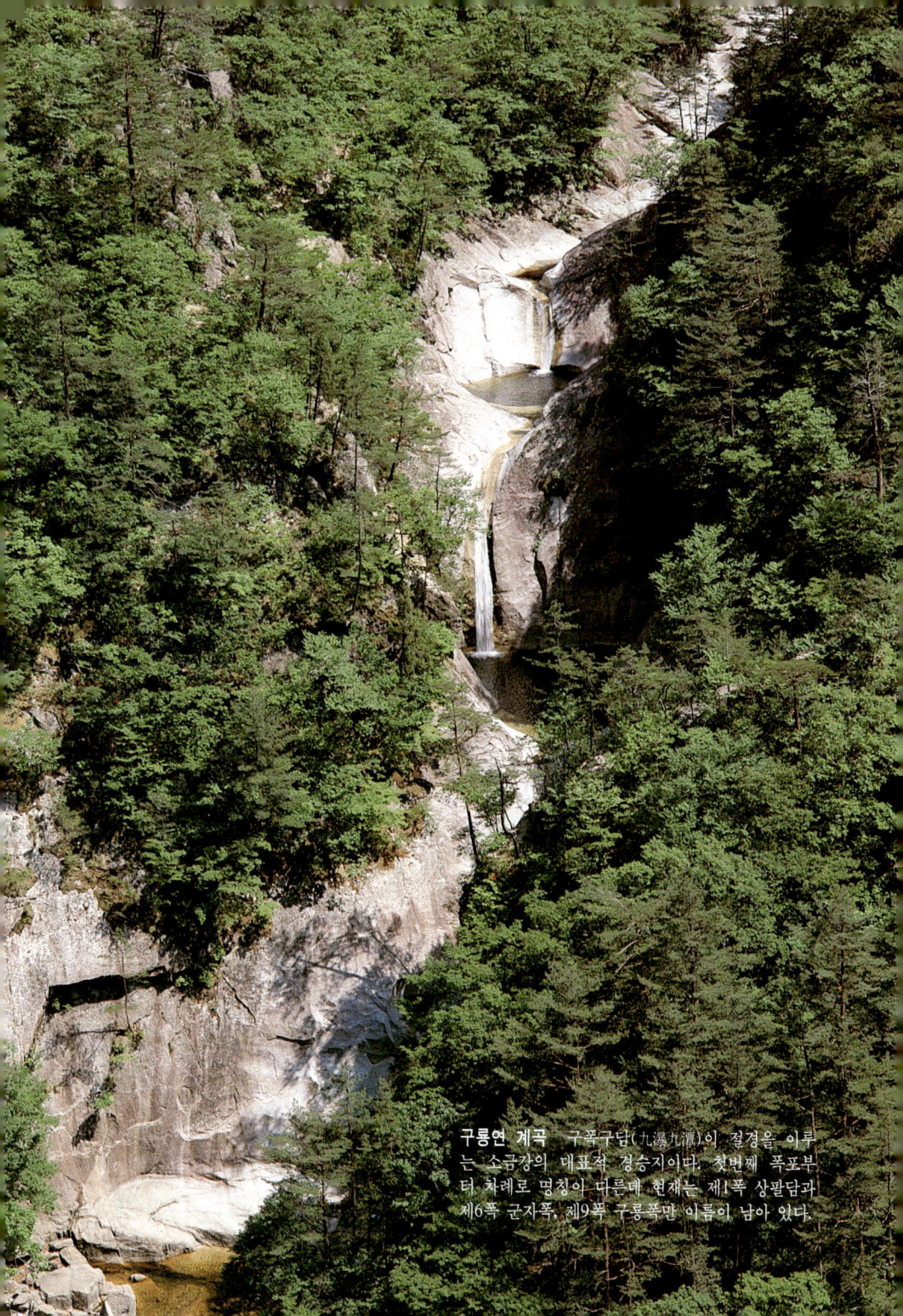

구룡연 계곡 구폭구담(九瀑九潭)이 절경을 이루는 소금강의 대표적 경승지이다. 첫번째 폭포부터 차례로 명칭이 다른데 현재는 제1폭 상팔담과 제6폭 군자폭, 제9폭 구룡폭만 이름이 남아 있다.

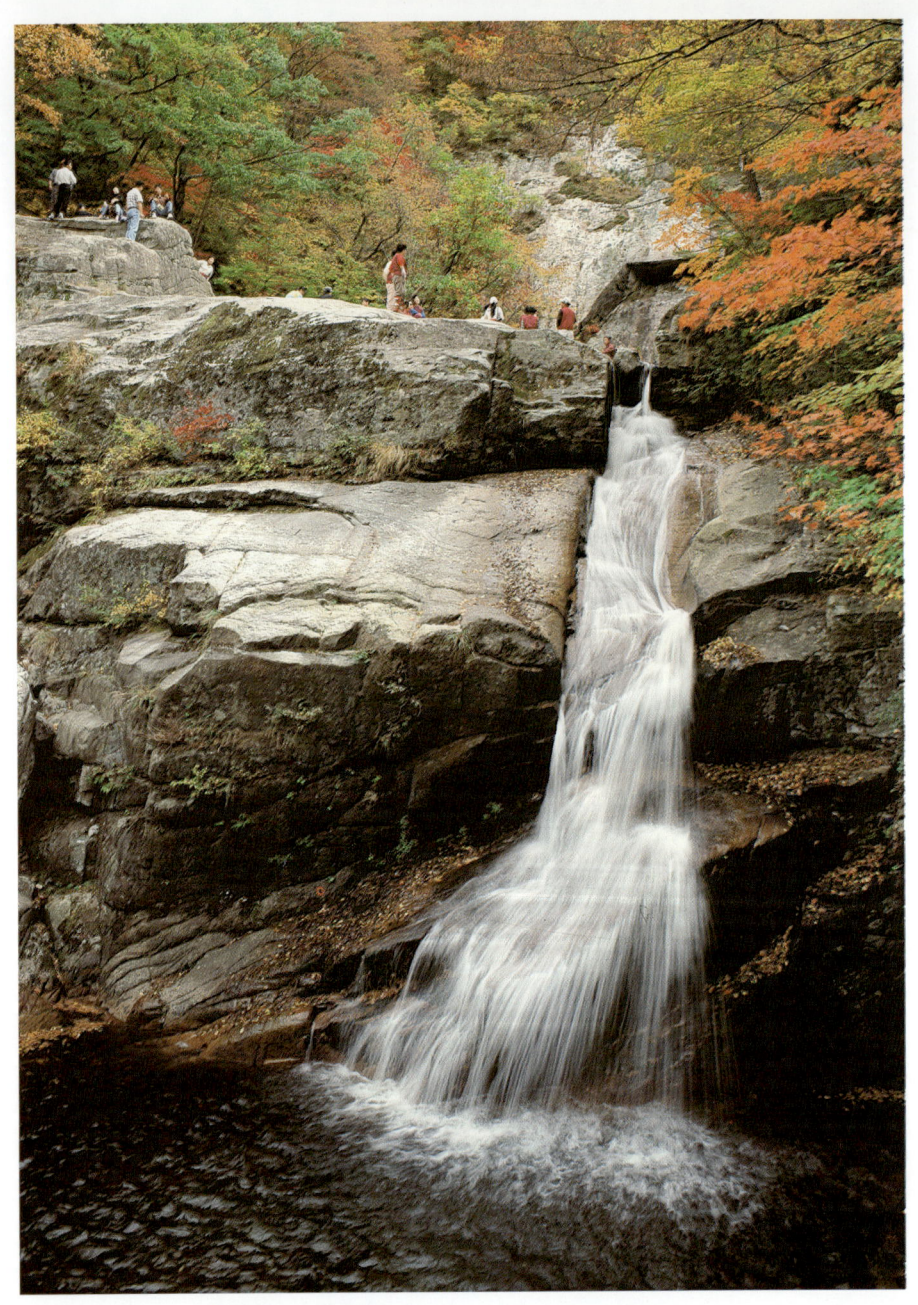

구룡폭포 구룡연 계곡을 이루는 마지막 아홉 번째 폭포이다.

상팔담을 사형대(死刑臺)라 부르기도 하는데 마의 태자가 자신을 배신하고 도망치는 부하를 처형한 곳이라 하여 붙여진 이름이다. 또 이 계곡에서 마의 태자의 군사가 패하면서 많은 피를 흘렸기 때문에 계곡 전체를 피골이라 하기도 한다. 이처럼 아미산성을 비롯한 이 주위에는 마의 태자와 관련된 전설들이 많아 단순한 속설로만 볼 수는 없을 것 같다.

아홉 개의 폭포 가운데 가장 수려한 맛을 지닌 것은 군자폭이며 아홉 번째의 구룡폭은 금강산의 그것과 흡사하다 하여 구룡연(九龍淵)이라 부르기도 한다. 그리고 여덟 번째의 폭포 근처에는 전서체(篆書體)로 '구룡연'이란 글씨가 새겨져 있는데 조선조 숙종 때의 명필 미수 허목이 쓴 것으로 전한다.

연화담 소금강 계곡물과 바위가 빚어낸 아름다운 연못이다.

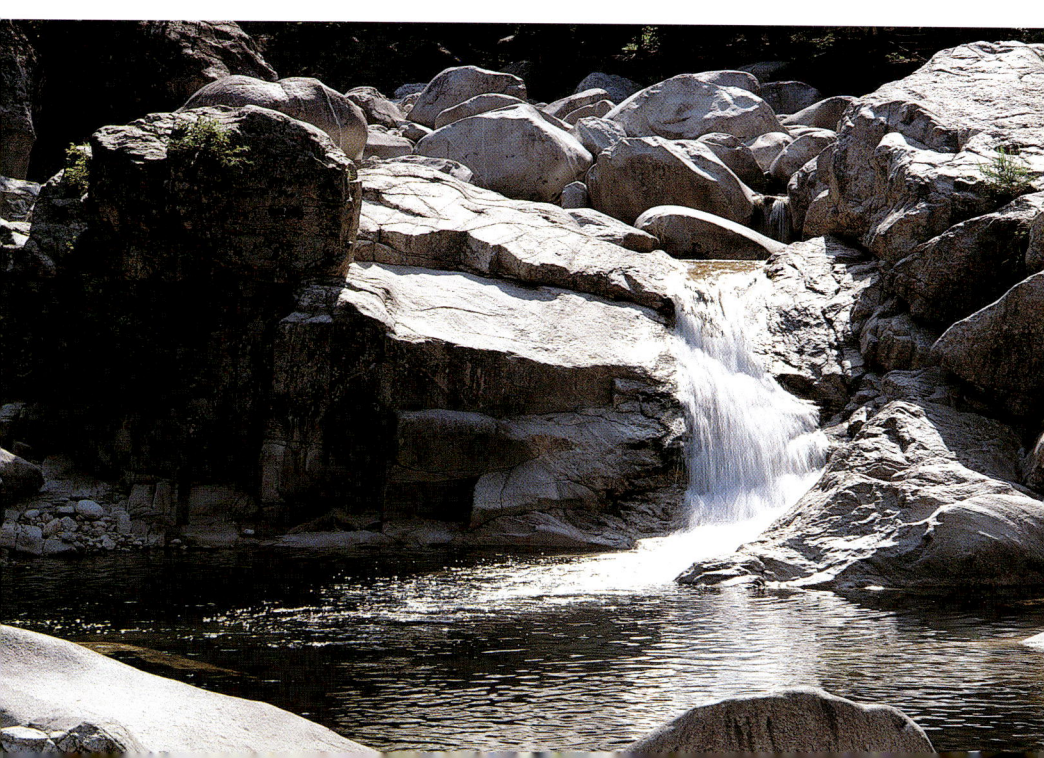

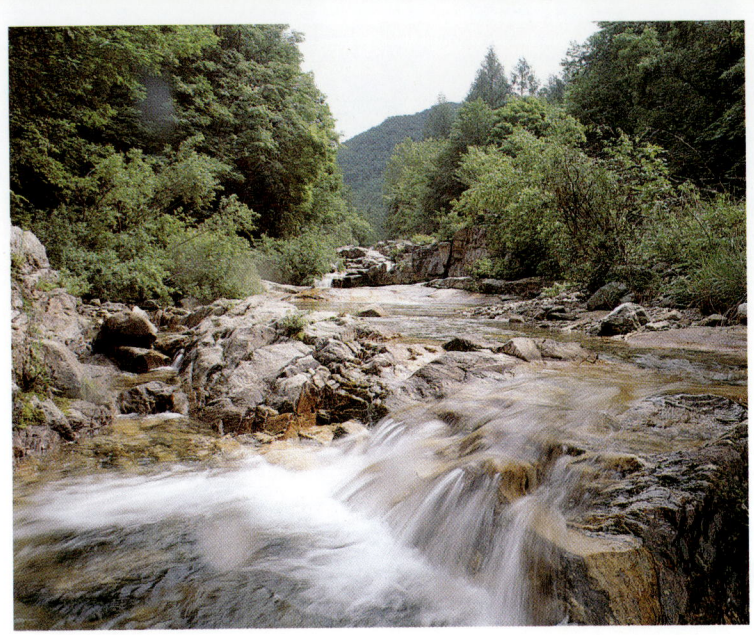

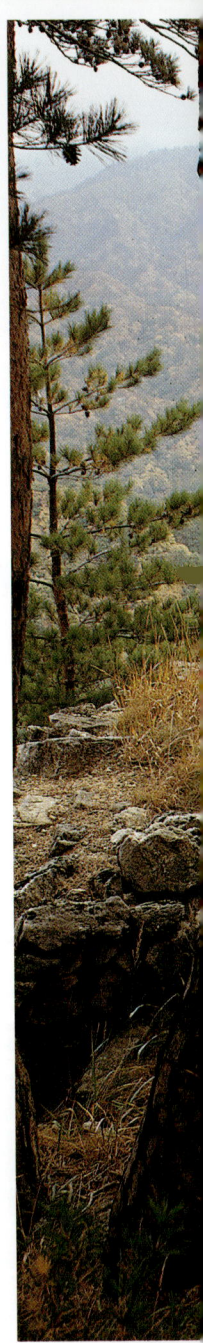

신선골의 초여름 초여름의 신록을 뒤로 하고 흘러내리는 계곡 물줄기가 힘차 보인다. 이 물은 곧 오대천으로 흘러 들어 남한강의 상류를 이룬다.(위)

아미산성 망국의 한을 품고 기회를 엿보던 마의 태자가 쌓았다는 성으로 구룡 연 동쪽 능선에 있다.(오른쪽)

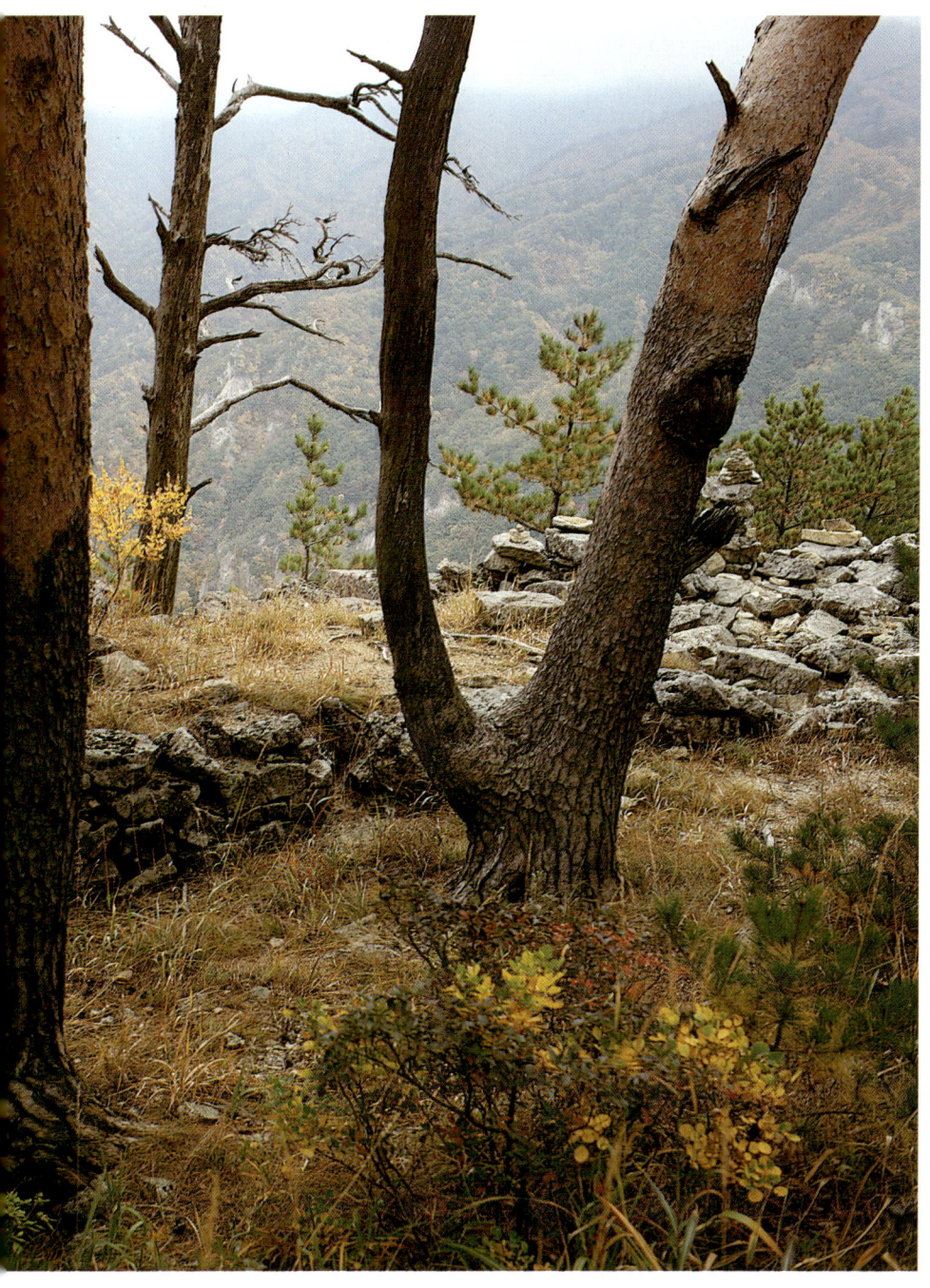

만물상

위치상으로는 청학동 계곡의 한가운데 있으나 노인봉으로 이어지는 등산이 아닌 일반적인 관광의 경우는 계곡 탐승의 마지막 지점이다. 관리사무소에서 4킬로미터 떨어진 곳이며 이름이 뜻하는 대로 주위에 귀면암, 촛대석, 일월암, 탄금대 등 화강암으로 이루어진 기기묘묘한 형태의 기암들이 장관을 이루고 있다.

이 밖에도 청학동 계곡에는 연화담(蓮花潭), 삼선암(三仙岩), 세심대(洗心臺), 용유대(籠遊臺) 등의 많은 명소가 있다.

'소금강'의 유래

한국정신문화연구원에서 펴낸 『한국민족문화대백과사전』을 비롯해 명주군이 발행한 소금강 관련 자료에서는 원래 이곳의 지명이 청학동이었으나 율곡이 그의 저서 『청학산기(靑鶴山記)』에서 이곳의 산수가 마치 금강산의 경치를 축소한 듯하다고 하여 소금강(小金剛)이라 불렀으며 그 뒤부터 그렇게 알려지기 시작했다고 기술하고 있다.

등산 안내서 등 각종 관련 서적들도 대부분 비슷하게 기술하고 있으며 심지어 식당암에 새겨진 '소금강'이라는 각자(刻字)가 이이의 친필이라는 설명까지 덧붙이는 경우가 많다.

하지만 실제로 이이의 기행문 「유청학산기」를 살펴보면 그가 소금강이라 불렀다는 기록을 전혀 찾아볼 수 없다. 오히려 당시까지 식당암으로 부르던 바위를 율곡이 비선암(祕仙岩)으로, 식당암 주변의 계곡 이름을 천유동(天遊洞)으로 그리고 이 일대를 청학산(靑鶴山)이라 이름지었다고 기록되어 있어 많은 부분에서 잘못 전해져 왔음을 알 수 있다.

「유청학산기」에 의하면 율곡이 청학동을 찾은 것은 선조 2년(1569)이다. 그의 나이 33세가 되던 해의 음력 4월 중순이었다.

그 전해인 1568년 이이는 천추사(千秋使)의 서장관(書狀官)으로 명나라에 다녀왔고 부교리(副校理)로 춘추관(春秋館)의 기사관(記事官)을 겸하여 『명종실록(明宗實錄)』을 편찬한 뒤에 사직하였다. 그러던 가운데 강릉에 있는 외조모를 만나러 왔다가 향리(鄕里) 사람인 박대유(朴大宥)로부터 "연곡현 서쪽에 오대산으로부터 1백여 리 뻗어 내려온 산이 있는데 그 가운데 동학(洞壑)이 있어 매우 맑을 뿐더러 산의 깊은 곳 암봉 위에는 청학이 깃들여 있으니 선경 중의 선경이나 유람하는 사람들이 좀처럼 찾지 않아 크게 알려지지 않았다"는 말을 듣게 되었다.

이를 탐승하기로 한 율곡은 아우 위(瑋) 등과 일행을 이루어 말을 타고 음력 4월 14일에 출발하였다. 그 다음날 토곡(兎谷, 소금강 입구 장천동 아래에 퇴곡리가 있는데 이곳의 옛 지명인 듯하다)에 도착한 일행은 험한 고개를 두 개나 넘어 승려 지정(智正)이 머물고 있는 판옥(板屋)으로 만든 절에 도착하였다.

거리와 문장의 전후를 감안할 때 판옥으로 만든 절은 요즘의 매표소와 청학산장 사이에 위치했던 것으로 보이며 오늘날의 금강사는 아닌 것 같다. 『조선사찰사료(朝鮮寺刹史料)』의 청학사 창건 사적에 나타나는 무염 국사(無染國師)가 초창했다고 전해지는 원통암인 것으로 여겨진다.

이 절에서 하루를 묵은 율곡 일행 5명은 4월 16일 지정과 함께 계곡 탐방길에 나섰다. 우인(虞人, 옛날에 산림을 관리하던 사람)의 안내를 받으면서 가파른 벼랑길을 한참 지나 지금의 식당암에 이르러 간단한 술자리를 열게 된다.

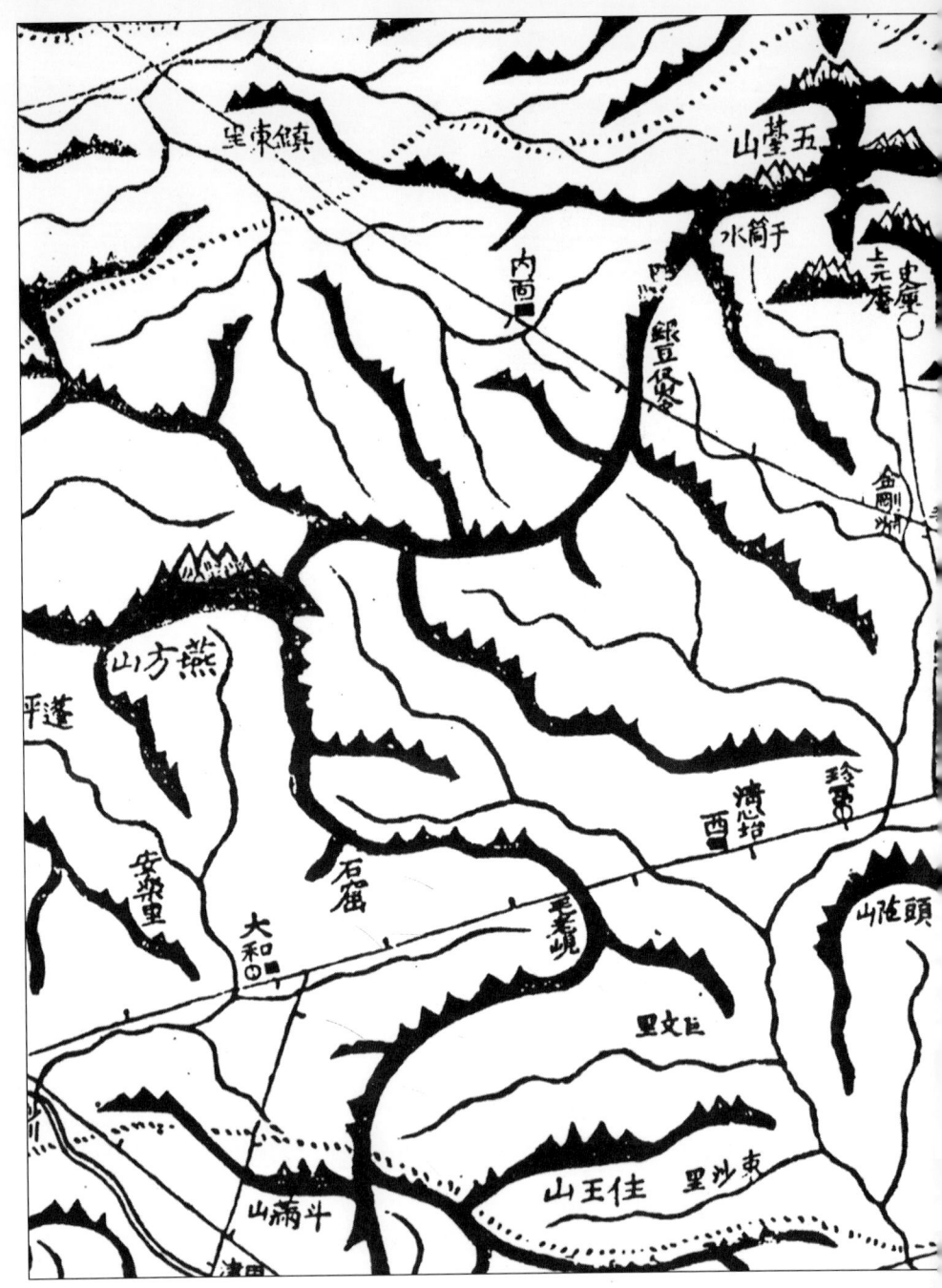

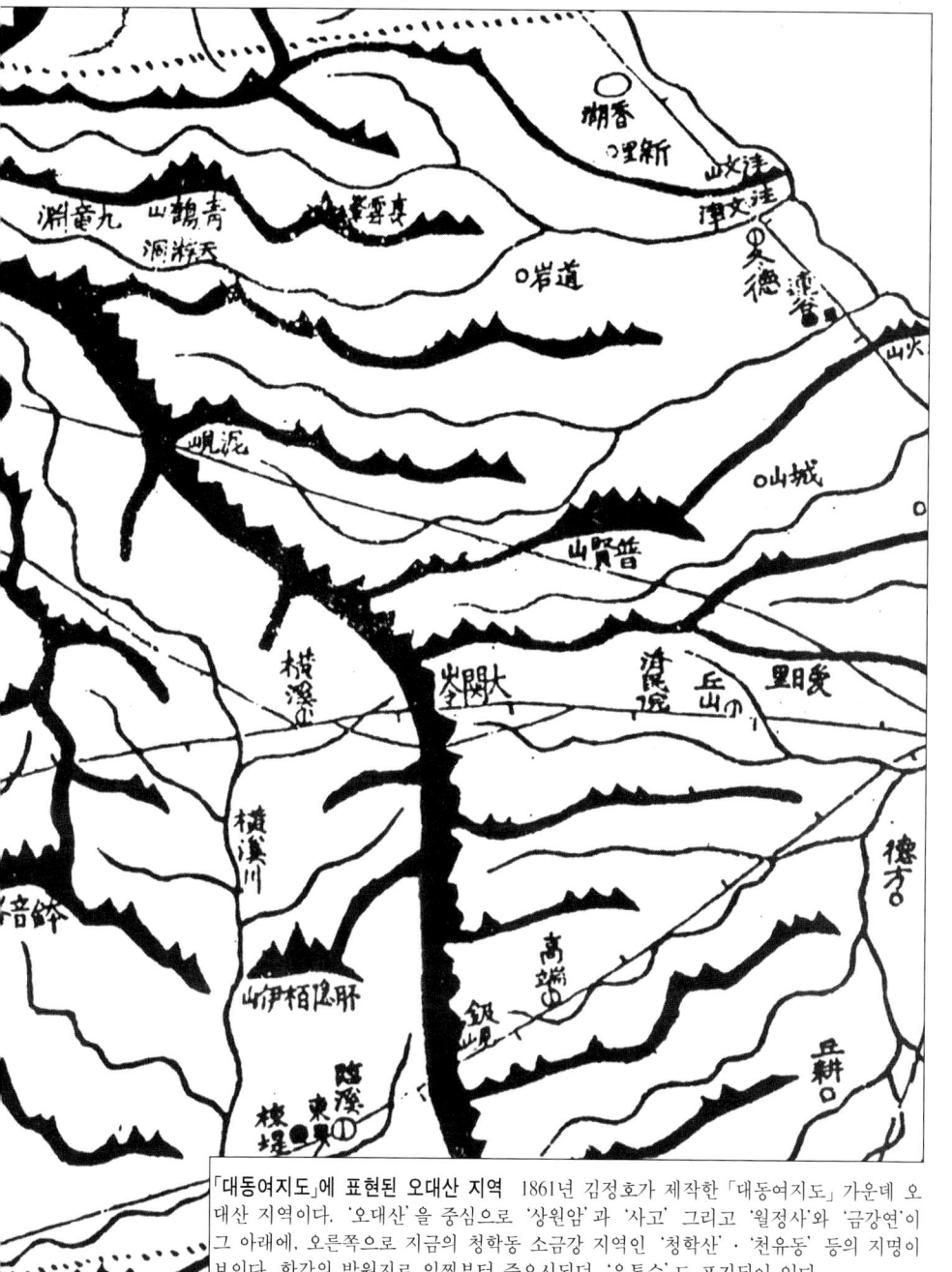

「대동여지도」에 표현된 오대산 지역 1861년 김정호가 제작한 「대동여지도」 가운데 오대산 지역이다. '오대산'을 중심으로 '상원암'과 '사고' 그리고 '월정사'와 '금강연'이 그 아래에. 오른쪽으로 지금의 청학동 소금강 지역인 '청학산'·'천유동' 등의 지명이 보인다. 한강의 발원지로 일찍부터 중요시되던 '우통수'도 표기되어 있다.

이때의 일을 이이는 「유청학산기」에서. "이 바위의 이름을 옛적에 식당암이라 하였던 것을 고쳐 비선암이라 하며 동부(洞府)의 이름을 천유(天遊)라 하고 바위 아래에 있는 못을 경담(鏡潭)이라 하며 산 전체를 청학산이라 이름하였다"라고 기술하고 있다.

하나 흥미로운 사실은 그 후 3백여 년 뒤에 제작된 고산자(古山子) 김정호(金正浩)의 「대동여지도(大東輿地圖)」에도 '청학산'과 '천유동(天游洞)'이라 표기되어 있다는 점이다. 다만 '유'자의 한자 표기가 각각 '游'와 '遊'로 다르게 적혀 있는데 이는 서로 같은 글자는 아니나 뜻은 통한다.

한편 17세기 송광연의 기행문에는 "동대의 외면수는 청학동을 지나 동쪽 바다로 들어간다"라는 기록이 있어 당시에 청학동이라 불리기도 했던 것 같다. 그리고 19세기에 발간된 김정호의 『대동지지(大東地志)』에는 청학동과 천유동이라는 지명이 같이 나타나는데 청학동은 계곡 전체를, 천유동은 구룡연이나 촉운봉처럼 특정 지점만을 가리키는 것으로 기술되어 있다.

아무튼 「유청학답사기」에서 알 수 있듯이 청학산과 천유동의 이름은 율곡에 의해 유래된 것이 분명하며 청학동이란 명칭은 그 후 이 같은 이름에서 영향을 받아 지어졌을 가능성이 크다. 따라서 소금강이란 명칭은 율곡과 그의 기행문인 「유청학산기」와는 전혀 무관한 것이며 그 동안 아무런 근거도 없이 잘못 전해져 온 것이다.

필자의 견해로는 이 같은 유래상의 왜곡 외에도 소금강이란 명칭 자체에 많은 문제점이 있다고 판단된다.

첫째, 청학동과 소금강의 구분이 분명하지 않다는 점이다. 『한국민족문화대백과사전』에서도 알 수 있듯이 한편에서는 소금강이 곧 청학동인 것으로 파악하는 반면에 다른 한편에서는 청학동이란 청학동 계곡만을 가리키며 이를 포함한 이 일대 전체를 소금 강으로 이해하는 경우가 흔히 있다. 심지어는 청학동 소금강을 하나의 지명으로 사용하는 경우도 있어 혼란스럽다.

둘째, 소금강이란 용어 자체가 몰개성적(沒個性的)이며 자기비 하적(自己卑下的)인 성격이 짙다. 어느 산이나 계곡이든 물리적 공간으로서 그 나름대로의 고유한 특성을 지니게 마련이다. 따라서 한때 명승 1호로 지정된 이곳이 본디부터 전해 오는 이름을 버리고 굳이 금강산에서 딴 이름으로 부를 이유가 없는 것이다. 앞으로 남북이 통일될 경우 소금강이라는 명칭은 그 유효성을 상실하게 되며 명승지로서 이곳의 특성이 오히려 퇴색될 위험마저 있다.

셋째, 소금강이라 불러야 할 아무 이유도 없다. 앞서 설명하였듯이 율곡과는 전혀 무관하며 19세기 말에 발간된 「대동여지도」나 『대동지지』에도 소금강이라는 지명은 전혀 나타나 있지 않다. 소금강이란 지명은 금세기에 들어서 지어진 것으로 짐작되는데, 결국 소금강이라 해야 할 만한 역사적인 유래나 문헌적 근거를 찾을 수 없다는 것이다.

사실 청학산 천유동이란 지명만큼 그 유래와 문헌이 분명하게 전하는 경우도 흔치 않은 일이다. 더욱이 그 이름을 지은 인물이 이곳에서 태어나고 성장한 대학자 율곡이라면 앞으로 그가 지은 원래의 이름대로 복원해 보는 것도 의의 있는 일이라 여겨진다.

방아다리약수와 여러 명소들

방아다리약수

방아다리약수는 국내에서 가장 유명한 약수터의 하나로 오대산 국립공원 남서쪽 끝인 평창군 진부면 척천리에 위치하고 있다. 진부에서 월정사 쪽으로 가다가 표지판이 나오면 방아다리약수 쪽으로 들어선다.

계방산 남쪽 기슭에 자리잡은 이 약수는 높이 1,120미터 되는 산 중턱에 있다. 일제 때부터 이미 널리 알려져 북한의 삼방약수(三防藥水, 1923년에 발견된 약수로 함경남도 안변군 소재)와 더불어 2대 명천(名泉)으로 꼽혔으며 조선총독부에서 천연기념물 2호로 지정하기도 했다.

더구나 매표소에서 약수터까지 이어지는 약 300미터의 전나무와 잣나무 등 1백만 그루가 넘는 침엽수와 활엽수로 수해(樹海)를 이루고 있어 오염되지 않은 신선한 공기가 특유의 청정한 냄새를 풍긴다. 약수터와 함께 주변 삼림은 전국 제일의 산림욕장으로도 각광을 받고 있다. 또한 약수의 맛이 독특하여 오대산을 찾는 등산객들은 꼭 들르는 곳이다.

방아다리라는 이름이 붙게 된 이유는 이 일대의 지형이 방아다리 같기 때문이라는 이야기가 있다. 또 옛날 이 일대에서 화전을 일구고 살던 한 아낙네가 바위 한가운데 움푹 파인 곳에 곡식을 넣고 방아를 찧다가 파인 곳이 갈라지면서 약수가 솟았기 때문에 방아다리라 이름지었다는 설도 있다.

또 이 약수터를 발견하게 된 배경에는 다음과 같은 이야기도 있다. 80여 년 전, 경상도 출신인 50대 후반의 이 모씨가 위장병을 고치기 위해 전국의 산천을 유랑하다가 노자가 떨어져 이 근처에서 머슴살이를 하게 되었다.

그러던 어느 날 꿈에 산신령이 나타나 근처에 약수가 있다는 것을 알려 주며 백일 동안 누구에게도 알리지 말라고 하였다. 그 뒤에 이 약수터를 발견하고 위장병을 다 고쳤다고 한다. 구체적인 시기와 인물이 전해지는 것으로 보아 가장 사실에 가까운 이야기라 생각된다.

최근의 분석에 따르면 방아다리약수에는 라듐, 마그네슘, 나트륨 등 12가지 성분이 함유되어 있어 위장병은 물론 신경통과 피부병, 눈병에 효험이 있는 것으로 알려져 있다. 실제로 두일리에 사는 어느 주민은 김치조차 못 먹을 정도로 속이 나빴으나 이 약수를 마신 뒤부터 좋아졌다는 이야기를 전하고 있다.

방아다리약수물의 용출량은 매우 풍부한 편이다. 그리고 철분과 탄산이 많이 들어 있어 톡 쏘는 맛과 짙은 녹 냄새를 느끼게 한다. 주위의 울창한 숲 경관이 뛰어나 봄부터 가을까지 많은 사람들이 찾고 있으며 특히 메밀꽃 필 무렵에 효험이 제일 좋다고 한다.

이곳에서 멀지 않은 진부면 속사리에는 아직까지 널리 알려지지 않은 신약수라는 약수터가 있다. 물맛과 효능이 방아다리와 비슷하며 특히 안질에 효험이 있다고 한다.

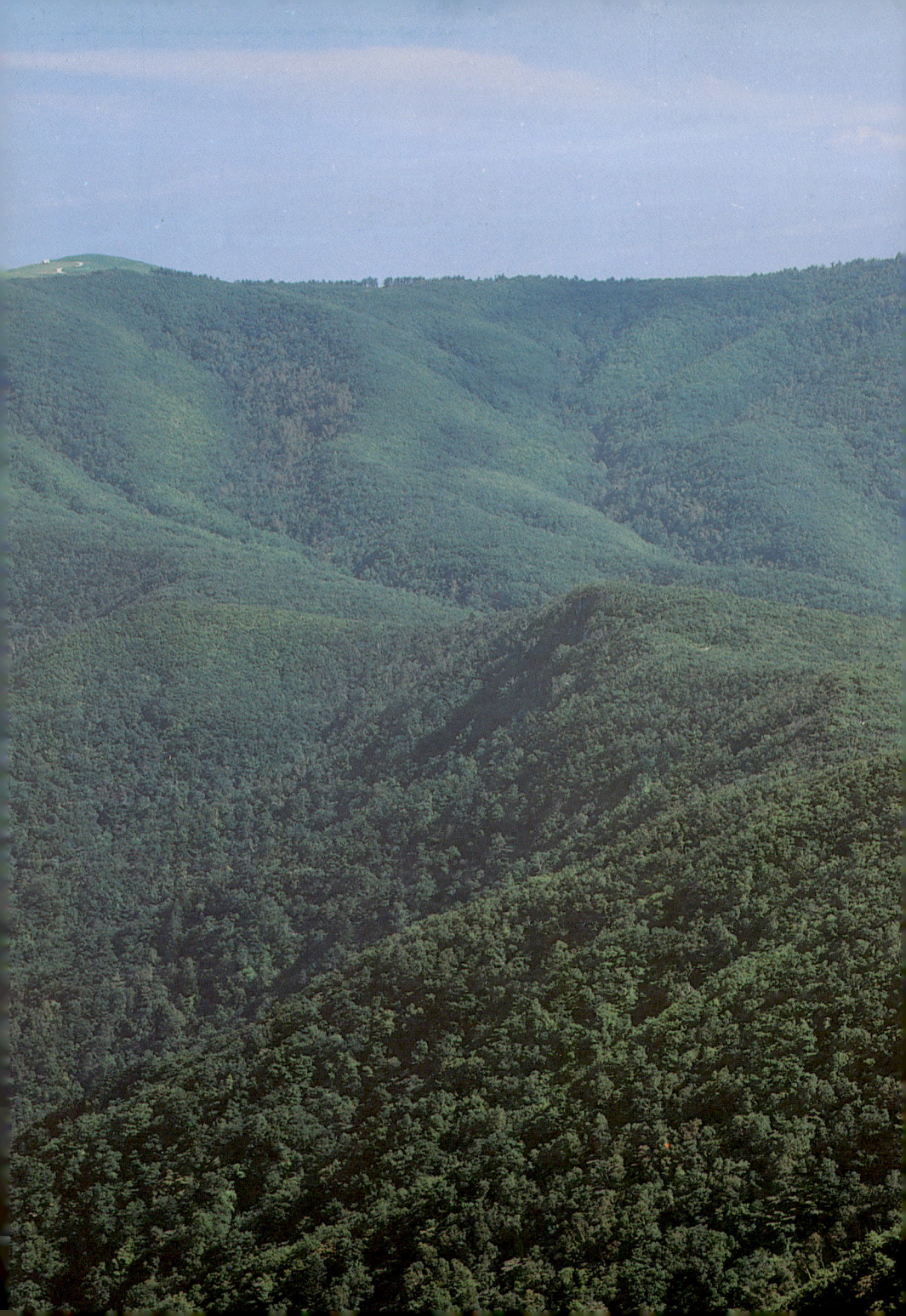

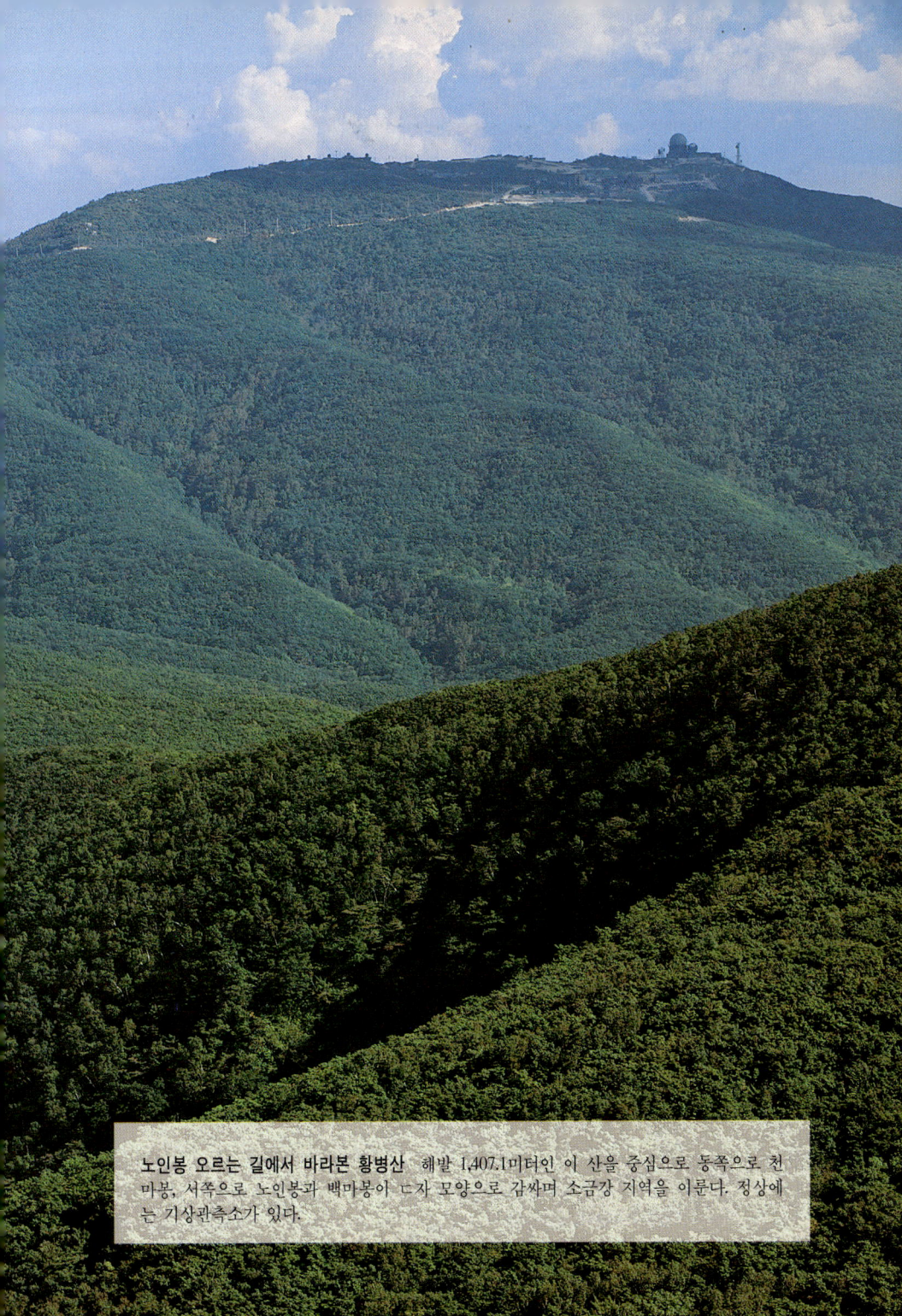

노인봉 오르는 길에서 바라본 황병산 해발 1,407.1미터인 이 산을 중심으로 동쪽으로 천마봉, 서쪽으로 노인봉과 백마봉이 ㄷ자 모양으로 감싸며 소금강 지역을 이룬다. 정상에는 기상관측소가 있다.

그리고 신약수 근처 진부면 노동리에는 이승복반공기념관이 세
워져 있다.

송천약수

송천약수(松川藥水)는 최근 들어 알려지기 시작했다. 1991년 평
창군 진부면과 명주군 연곡면 사이를 연결하는 6번 국도가 포장
되면서 새롭게 주목받고 있다.

동대산과 진고개, 노인봉에서 발원한 계곡이 북쪽으로 흘러 구
지리와 삼산리를 지나 청학동 소금강 입구인 장천동까지 이른 것
을 송천계곡이라 하는데 이름에서 알 수 있듯이 이 일대는 울창
한 소나무 숲으로 이루어져 있다.

송천약수는 진고개와 삼산리 중간 지점에 위치하고 있다. 이곳
에서 가까운 마을 이름을 따 구지리약수라 부르기도 한다.

계류가 흐르는 계곡 가까운 암반에서 약수가 솟아나고 있는데,
거의 실명 위기에 처한 사람이 송천약수를 처음으로 발견했다고
한다. 그는 이 약수물로 눈을 정성껏 씻은 뒤에 눈병을 고쳤다는
데 위장병 등에도 효험이 있는 것으로 전한다.

송천약수의 가장 큰 장점은 6번 국도 가까이 있어서 교통이 편
리하고 접근이 수월하다는 것이다. 도로에서 가깝지만 골짜기가
깊고 주위에 울창한 송림이 있어 마치 깊은 산속에 들어와 있는
듯한 느낌이 들게 하는 곳이다. 이 때문에 주문진 등지의 동해 바
닷가에서 여름 휴가를 지낸 수도권 사람들이 귀경길에 자주 찾기
도 한다.

이곳 외에도 송천약수에서 10여 킬로미터 떨어진 삼산 3리에는

가마소약수가 있다.

마을에 가마솥처럼 생긴 연못이 있다 해서 붙여진 이름인데 부연약수(釜淵藥水)라 부르기도 한다. 탄산과 철분이 많아 위장병에 좋다고 하며 톡 쏘는 물맛이 강한 편이다. 약수도 약수거니와 두로봉 뒤쪽에 펼쳐진 원시림과 비경을 함께 접할 수 있어 더더욱 좋은 곳이다.

안개자니 계곡

안개자니 계곡은 노인봉과 황병산 사이에 위치한 계곡으로 청학동 소금강을 연상하게 하는 기암 괴석과 울창한 숲 터널 그리고 가을철의 뛰어난 단풍 풍치로 이름난 곳이다.

월정사 입구의 간평교와 진고개 사이, 6번 국도 중간 지점에는 '개자니'라는 지명이 있다. 지형이 마치 개가 잠자고 있는 것과 흡사하다 하여 붙여진 것인데 줄여서 '개잔'이라고도 한다.

안개자니 계곡은 도로변의 거리개자니에서 북동쪽으로 황병산과 노인봉 중심부에 길게 형성되어 있다. 속새골, 식당골 등의 지류가 흐르며 특히 노인봉을 발원지로 하는 속새골을 지나면서부터 기묘한 암반과 심원한 비경을 만날 수 있다. 안개자니 계곡 상류를 따라 노인봉과 소황병산을 잇는 해발 1,000미터 안팎의 완만한 능선을 넘으면 청학동 소금강으로 이어진다.

오대산 산행 안내

오대산 국립공원 역시 자연 보존의 문제가 시급한 실정이다. 특히 주변에 용평 스키장(26킬로미터), 강릉 경포대(54킬로미터), 속초 낙산사(111킬로미터), 치악산 국립공원(75킬로미터), 설악산 국립공원(124킬로미터) 등이 둘러싸고 있어서 어느 때나 수많은 사람들로 붐빈다.

현재 오대산 국립공원 경계 한가운데를 포장도로인 6번 국도가 지나고 있는데, 그런 만큼 이곳의 자연 환경이 훼손될 위험이 매우 높다.

평창군 진부면 병내리와 명주군 연곡면 삼산리를 연결하는 이 도로에는 현재 운행중인 정기 노선 버스는 없다. 주로 이 도로를 이용하는 차량은 주문진을 중심으로 한 동해안 일대에서 어물 등을 내륙으로 실어 나르는 화물 트럭과 관광객들의 승용차이다. 특히 여름 휴가철에는 송천약수를 중심으로 송천 계곡 곳곳에 함부로 정차하고 있는 차들을 쉽게 볼 수 있다.

오대산에서 본 월정거리 이 숲과 계곡 사이사이에 이름난 자연의 명소와 자랑스런 문화 유산이 곳곳에 숨어 있다.(옆면)

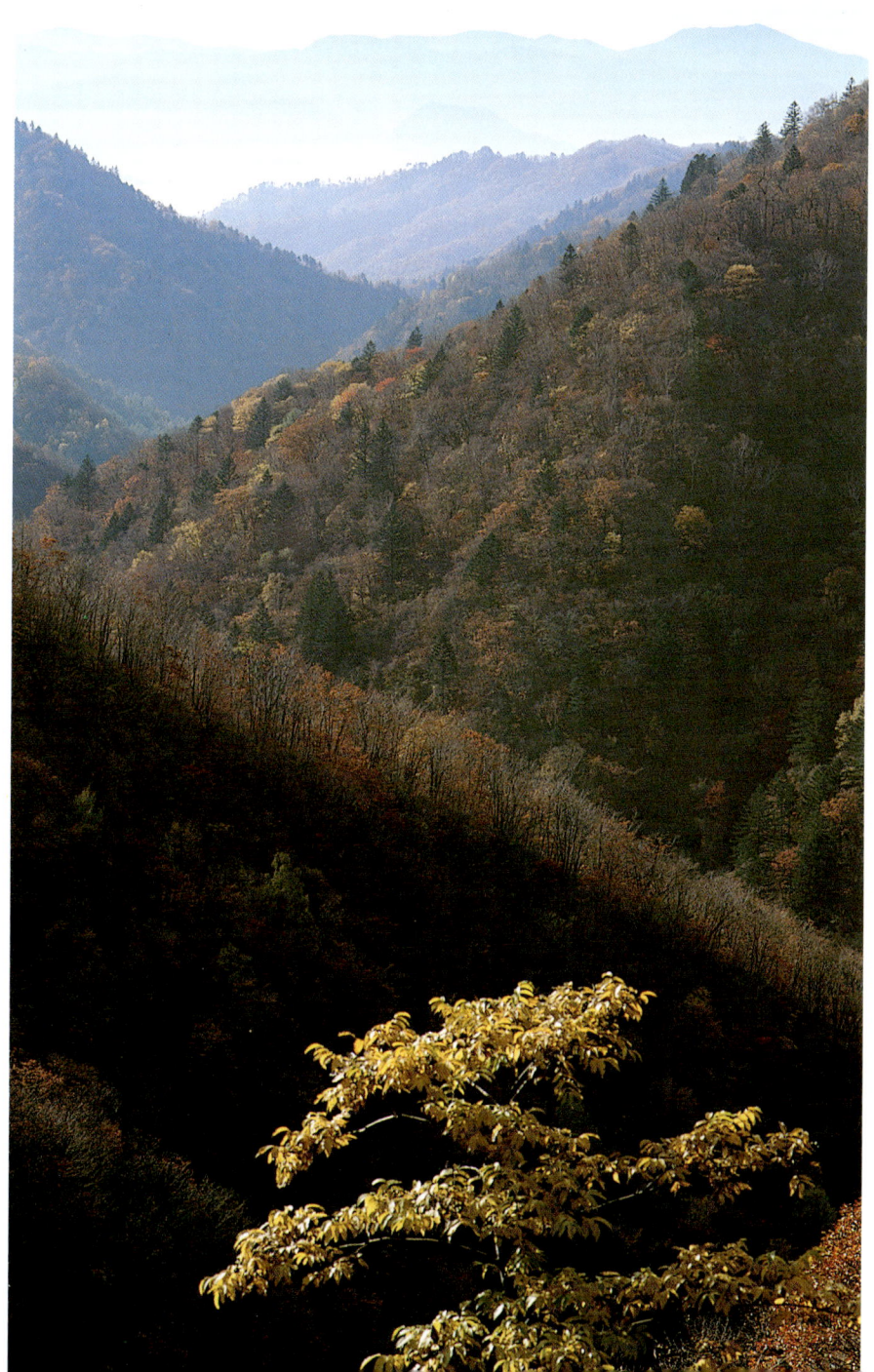

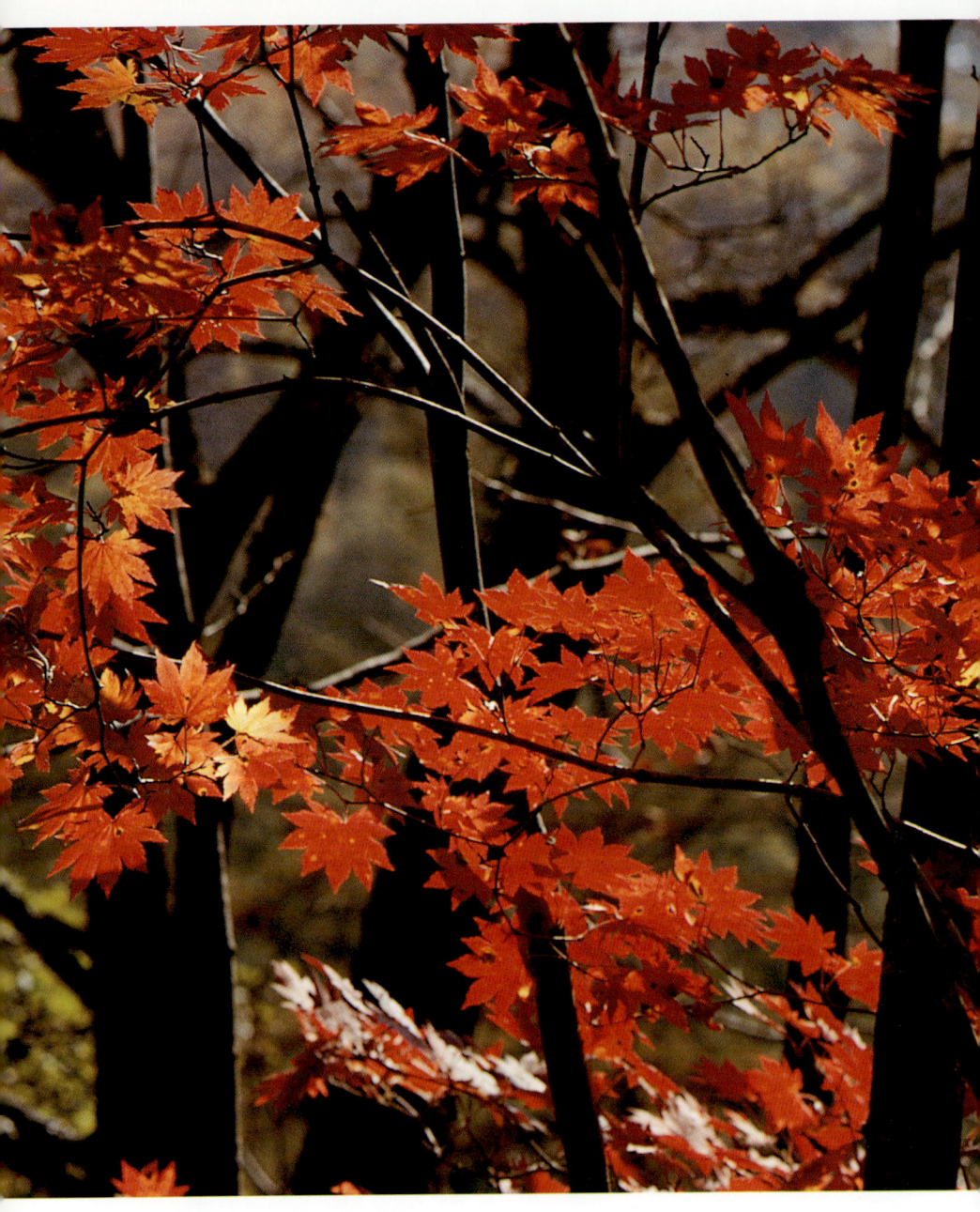

명개리의 가을 단풍 다른 이름난 명소와 마찬가지로 오대산 역시 자연의 보존 문제
가 시급한 과제로 떠오르고 있다.

오대산 국립공원의 자연 보존 문제는 지방도로 446호선에 달려 있다 해도 지나친 말이 아니다. 이 도로는 월정사에서부터 상원사, 북대령을 지나 홍천군 내면으로 연결되는데 간혹 도로를 포장하자는 의견이 제기되고 있다. 만일 이 도로가 확장·포장된다면 오대산 국립공원은 물론 홍천군 내면의 울창한 삼림과 계곡도 크게 훼손될 게 자명한 사실이다. 어떤 경우에도 그 같은 일은 막아야 하며, 천연의 삼림지대를 이루고 있는 오대산 국립공원의 자연 보존에 우리 모두 관심을 기울여야 한다.

등산 안내

길게 펼쳐진 능선의 장쾌함과 수려하고 아름다운 계곡미를 함께 맛볼 수 있는 곳이 오대산이다. 오대산의 진면목은 동대산과 호령봉에 이르는 20여 킬로미터의 능선 코스에서 만날 수 있으며, 서쪽 끝 방아다리약수터에서 동쪽 끝 소금강까지 이어지는 3박 4일이 소요되는 긴 등산로도 개척되어 있다.

주요 등산로와 소요 시간

번호	구간	거리(km)	소요 시간	비고
1	상원사―적멸보궁―비로봉―상원사	6.2	3	한나절
2	동대산 입구―동대산―진고개	4.1	2:30	〃
3	진고개―노인봉―진고개	8.4	3:30	〃
4	상원사―비로봉―상왕봉―북대사―관대거리	12.7	5:30	당일
5	소금강―노인봉―진고개	13.4	6:30	〃
6	소금강―노인봉―동대산―동대산 입구	17.5	9	1박2일

주요 등산로 가운데에서 가장 많이 이용되는 구간은 1번과 4번 등산로이다. 진고개를 기점으로 하는 경우 현재 운행하는 버스가 없으므로 택시나 승용차를 이용해야 한다.

산을 보호하기 위해 구간별로 자연 휴식년제가 있고 계절에 따라 산불 예방 입산 금지 기간이 있어서 일부 등산로만이 개방되므로 산행을 하기 전에 미리 알아보는 게 좋다.

문의처 : 오대산 관리사무소(전화 0374-32-6417)

소금강 분소(전화 0391-661-4161)

하진부 기점의 버스편 안내

하진부에서 출발하는 월정사행 버스는 07시 30분부터 20시까지 1시간 간격으로 있다. 이 가운데 07시 30분부터 17시 20분까지 출발하는 버스가 상원사까지 운행한다.

방아다리약수행 버스는 08:40, 13:00, 15:00에 운행하고 있다. 대체로 관광 비수기인 11월부터 이듬해 5월까지는 방아다리약수터에서 2킬로미터 떨어진 척천리까지만 운행한다.

문의처 : 시내버스 터미널(전화 0374-35-6963)

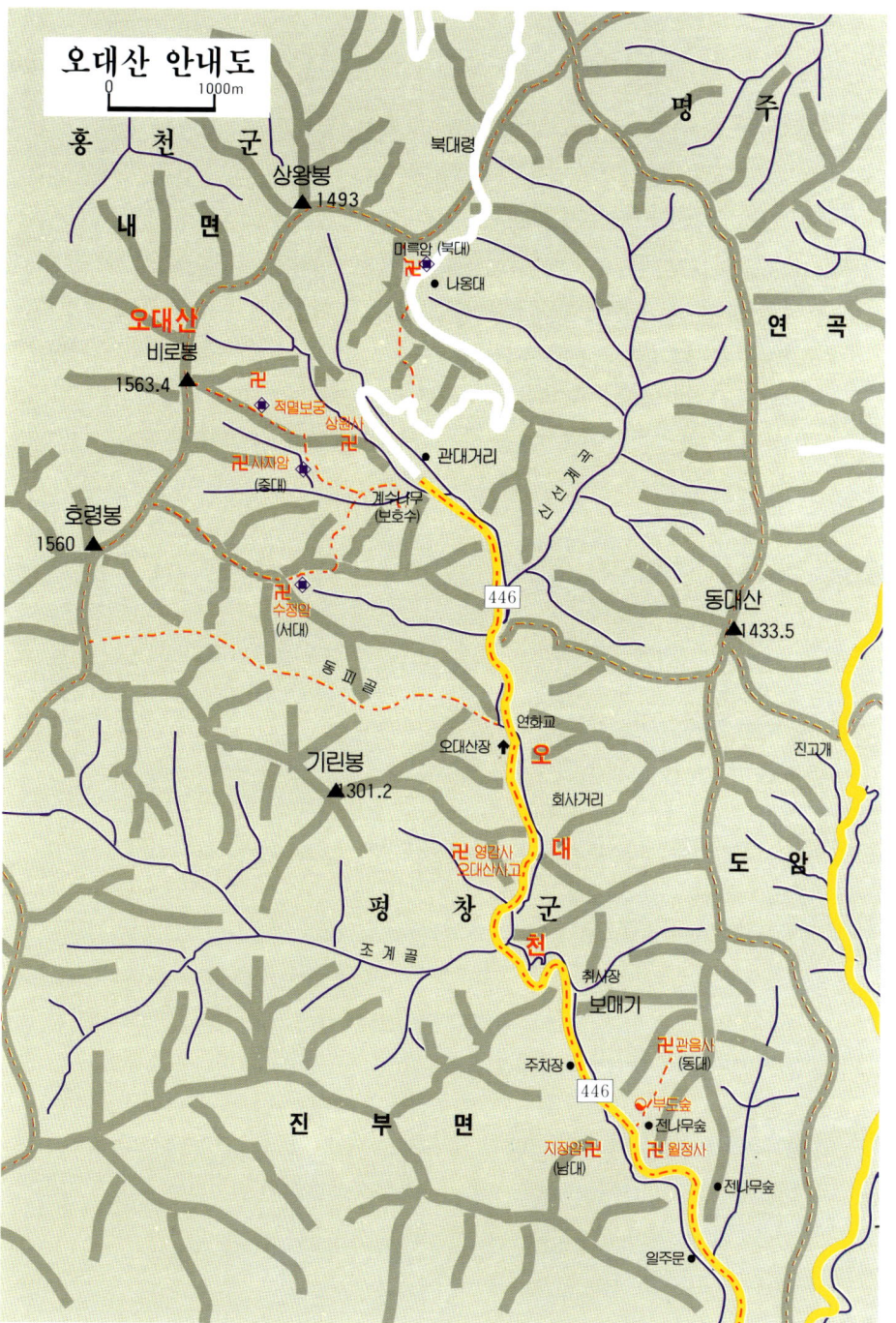

오대산 안내도

0 1000m

홍 천 군
내 면

평 주

상왕봉
▲1493

북대령

미륵암 (북대)
권
● 나옹대

연 곡

오대산
비로봉
1563.4 ▲
권
적멸보궁
상원사
권
권시자암
(중대)
● 관대거리

호령봉
1560 ▲
계수나무
(보호수)

권
수정암
(서대)

446

동대산
▲1433.5

동 피 골

진고개

기린봉
▲301.2

연화교
오대산장
오 대 산장

회사거리

평 창 군

권 영감사
오대산사고

천

도 암

조 계 골

취사장
보매기

권관음사
(동대)

주차장

446

부도숲
전나무숲

진 부 면

지장암권
(남대)

권 월정사

전나무숲

일주문

주

1) 식물의 분포 현황은 1988년 건설부에서 발행한 「국립공원 현황조사」를, 동물의 경우는 1987년 건설부 발행의 「오대산국립공원계획」을 근거로 하였다. 한편 「국립공원 현황조사」에서는 포유류 10종, 조류 30종, 곤충류 238종이 서식하고 있는 것으로, 1979년 평창군 발행의 「평창군지」에서는 식물은 총 217종이며 포유동물은 8과 17종, 조류는 35종 142개체, 곤충은 134과 474종이 분포되어 있는 것으로 적고 있다.

2) 풍로산과 지로산의 '로' 자의 경우 『삼국유사』「대산오만진신」 조에서는 '盧', 「명주오대산보질도태자전기」 조에서는 '爐'로 각각 다르게 표기하고 있고 『신증동국여지승람』에는 지로봉(智爐峰)으로 적혀 있다.

3) 기존 학계에서는 대체로 진여원과 상원사를 같은 것으로 보고 있으나 이를 재검토할 필요가 있다. 『명찰순례1』(최완수 저, 대원사, 1994.)에서는 상원과 하원이라는 명칭은 위아래를 나타내는 지리적인 명칭이었을 것이라 추정하여 지금의 월정사는 『삼국유사』에 기록된 하원(下院) 문수갑사(文殊岬寺)로 보기도 한다.

하지만 범허정 송광연이 쓴 1676년도의 오대산 기행문 「오대산기(五臺山記)」를 보면 "중대의 아래쪽, 정기가 맺힌 곳에 상원사가 있었고 상원사 밑에는 진여원, 환적당(幻寂堂), 화엄암(華嚴庵) 등이 있었다"라고 설명하고 있어 진여원과 상원사가 별개의 사찰임을 알 수가 있다.

상원사측에서도 상원사 아래 계곡에 진여원 터가 있으며 북대령 쪽으로 수백 미터 떨어진 왼쪽 계곡은 효명 태자가 수행하던 곳으로 지금도 효명골이라 한다고 설명한다. 그리고 상원사라는 명칭은 오히려 진여원의 위쪽에 있기 때문에 붙여진 이름으로 보아야 하며 하원 문수갑사는 지금의 월정사가 아닌, 진여원 아래쪽에 있던 별개의 사찰로 보는 게 타당하다.

한편 진여원의 창건 시기에 대해서는 『삼국유사』에도 각기 다르게 기술되어 있다. 「명주오대산보질도태자전기」 조에서는 성덕왕 4년(705)에 창건된 것으로, 「대산오만진신」 조에서는 그 해에 진여원을 개창(改創)한 것으로 기록되어 있다. 만일 진여원과 상원사가 각각 다른 사찰인 것이 분명하다면 상원사의 창건은 진여원이 창건된 이후로 보아야 할 것이다.

4) 홍윤식, 『삼국유사와 한국고대문화』, 원광대학교 출판국, 1985.

5) 박노준, 「오대산 신앙의 기원 연구」, 『영동문화』 2호, 관동대학부설 영동문화연구소, 1986.

6) 한국불교연구원에서 발행한 『월정사』는 4명의 필자가 공동 집필한 책인데, 필자에 따라 월정사 창건 시기에 대한 견해가 다르다.
이 책의 20쪽에서는 이휘진(李彙晉)의 월정사중건사적비(月精寺重建事跡碑)의 645년 창건 기록은 황룡사 9층탑 건립 시기와 혼돈한 것이라며 월정사의 창건 연대를 자장이 귀국한 해인 643년으로 보고 있다. 이에 반하여 65쪽에서는 『삼국유사』에 명확한 연대가 나타나 있지 않으므로 『조선사찰사료집(朝鮮寺刹史料集)』의 정관 19년으로 본 기록을 인정해 645년으로 볼 수밖에 없다고 주장하고 있다.

7) 이는 『삼국유사』 「대산오만진신」 조를 근거로 한 것이다. 하지만 같은 책 「대산월정사오류성중」 조에는 자장이 처음 오대산에 왔을 때 7일 동안 머물렀다고 적고 있다. 그리고 한국불교연구원에서 발행한 『월정사』에서는 민지(閔漬)의 「봉안사리개건사암제일조사전기」에 자장이 훗날 다시 월정사 자리에 와서 8척(尺) 방을 짓고 7일 동안 머물렀다는 기록을 인용했다.

대부분의 기록에는 자장이 오대산에 처음 왔을 때 문수보살을 친견하지 못한 것으로 나타나 있다. 그렇다면 자장은 후에 다시 오대산을 찾았을 가능성이 많다. 따라서 그가 처음으로 오대산을 방문한 것은 귀국하던 해인 643년이고 황룡사 9층탑을 완성한 뒤인 645년에 다시 이곳을 찾아 지금의 월정사 자리에서 7일 동안 머물렀을 수도 있다.

8) 이곳에 정골사리를 모셨다는 현존하는 최초의 기록은 『조선불교통사』에 실린 민지의 「오대불궁산중명당(五臺佛宮山中明堂)」이다.

한편 『삼국유사』 「전후소장사리(前後所將舍利)」 조에는, "선덕왕 때인 정관 17년 계유(643)에 자장 법사가 당나라에서 부처의 머리뼈와 어금니와 부처의 사리 1백 알과 부처가 입던 붉은 비단에 금색 점이 있는 가사 한 벌을 가지고 왔는데, 그 사리를 셋으로 나누어 하나는 황룡사 탑에 두고, 하나는 대화사 탑에 두고, 하나는 가사와 함께 통도사 계단에 두었다. 그 나머지는 어디에 있는지 알 수 없다. 통도사 계단은 2단으로 되어 있는데 위층 가운데 돌 뚜껑을 안치하여서 마치 가마솥을 덮어 놓은 것과 같았다"라고 적혀 있다.

9) 기존의 관련 자료들은 우통수가 '한강의 발원지'라고 밝힌 최초의 기록으로 권근의 「오대산서대수정암중창기」를 들고 있다.

하지만 인용한 권근의 기록을 살펴보면 '한강의 원류(漢水之源)'라는 명백한 표현은 발견할 수가 없다. 이 같은 권근의 글은 『신증동국여지승람』 44권 「강릉대도호부」 조에도 수록되어 있다.

우통수가 한강의 원류가 된다는 기록은 단종 2년(1454)에 간행된 『세종실록』 「지리지」에 처음으로 나타난다. 그리고 중종 25년(1530)에 간행된 『신증동국여지승람』에도 앞서의 권근의 기문과 함께 실려 있다. 따라서 현재까지 밝혀진 바로는, 우통수를 한강의 원류로서 기록한 최초의 문헌은 『세종실록』 「지리지」라고 해야 옳을 것이다.

참고 문헌

『삼국사기』

『삼국유사』

『신증동국여지승람』

『동문선』

『매월당집』

『택리지』

『산경표』

『대동지지』

내무부, 「국립공원 기본통계자료」, 1992.

건설부, 「국립공원 현황조사」, 1988.

───, 「오대산 국립공원계획」, 1987.

국립공원관리공단, 「오대산 국립공원 안내도」, 1990.

명주군, 「명주의 향기」, 1988.

평창군, 「평창군지」, 1979.

───, 「노성의 뿌리」, 1984.

한국불교연구원, 『월정사』, 일지사, 1981.

한국정신문화원, 『국역 율곡전서』, 1987.

홍윤식, 『만다라』, 대원사, 1992.

───, 『삼국유사와 한국고대문화』, 원광대 출판부, 1985.

조면희 외, 『어제의 강산 오늘의 산하』, 고려원, 1991.

최길성, 『한국민간신앙의 연구』, 계명대학교 출판부, 1989.

정옥자, 『조선후기 역사의 이해』, 일지사, 1993.

『한국의 발견·강원도』, 뿌리깊은나무, 1983.

김장호, 『한국명산기』, 평화출판사, 1993.

『태백의 시문』, 강원일보사, 1977.

최완수, 『명찰순례1』, 대원사, 1994.

박노준, 「오대산신앙의 기원연구」, 『영동문화』 2호, 관동대학부설
            영동문화연구소, 1986.

『실천문학』, 실천문학사, 1985년 여름호.

『산』, 1992년 2월호 등.

『사람과 山』, 1990년 9월호.

빛깔있는 책들 301-23

오대산

글	―박용수
사진	―손재식

회장	―차민도
발행인	―장세우
발행처	―주식회사 대원사

편집	―김범수, 육양희, 김분하, 김수영, 최은희
미술	―최효섭, 여혜영
기획	―조은정
총무	―이훈, 이규헌, 정광진
영업	―정만성, 강성철, 박은식, 이수일, 최귀심
이사	―이명훈

첫판 1쇄 ―1996년 5월 15일 발행
첫판 4쇄 ―2002년 5월 30일 발행

주식회사 대원사
우편번호/140-901
서울 용산구 후암동 358-17
전화번호/(02) 757-6717~9
팩시밀리/(02) 775-8043
등록번호/제 3-191호
http://www.daewonsa.co.kr

잘못된 책은 책방에서 바꿔 드립니다.

₩ 값 13,000원

Daewonsa Publishing Co., Ltd.
Printed in Korea(1996)

ISBN 89-369-0183-4 00980

빛깔있는 책들